U0877406

新疆额尔齐斯河流域
外来物种图册

常　江　杨美琳　李永华　杜元宝　等 / 著

中国环境出版集团・北京

图书在版编目（CIP）数据

新疆额尔齐斯河流域外来物种图册 / 常江等著 .
北京：中国环境出版集团，2025.9.--ISBN 978-7
-5111-6167-3

Ⅰ . Q16-64

中国国家版本馆 CIP 数据核字第 2025970LS8 号

策划编辑 王素娟
责任编辑 宾银平
封面设计 岳　帅

出版发行 中国环境出版集团（100062 北京市东城区广渠门内大街 16 号）
网　　址：http://www.cesp.com.cn
电子邮箱：bjgl@cesp.com.cn
联系电话：010-67112765　编辑管理部
010-67113412　第二分社
发行热线：010-67125803　010-67113405（传真）

印　　刷 北京建宏印刷有限公司
经　　销 各地新华书店
版　　次 2025 年 9 月第 1 版
印　　次 2025 年 9 月第 1 次印刷
开　　本 787×1092　1/16
印　　张 8
字　　数 160 千字
定　　价 76.00 元

《新疆额尔齐斯河流域外来物种图册》

编委会

主　　编：常　江　杨美琳　李永华　杜元宝

参编人员（按汉语拼音排序）：

曹秋梅　方　磊　郭宝成　兰文旭

李欣欣　刘　宣　刘　宇　潘国强

宋天健　苏阿提　王重女　赵亚辉

前　言

新疆维吾尔自治区面积约占全国陆地总面积的1/6，是我国陆地面积最大的省级行政区，是我国“一带一路”的必经之地，是丝绸之路经济带的核心区，在党和国家工作全局中具有特殊重要的战略地位。习近平总书记在第三次中央新疆工作座谈会上强调：要努力建设团结和谐、繁荣富裕、文明进步、安居乐业、生态良好的新时代中国特色社会主义新疆。第三次新疆综合科学考察是国家部署的重大科技项目，由科技部和中国科学院组织，国内上百家高校和科研院所参与，分五个片区，即塔里木河流域、伊犁河流域、额尔齐斯河流域、天山北坡经济带以及吐鲁番-哈密盆地。额尔齐斯河流域生态系统与生物多样性项目旨在查明新疆额尔齐斯河流域生物多样性与生物资源现状，评估气候变化和人类活动对生态环境的影响，提出生态建设战略，以助力新疆生态文明建设，助推社会经济发展，建设美丽新疆。

额尔齐斯河流域位于新疆最北部，因其特殊的地理位置及丰富的自然资源，成为新疆重要的生态屏障和社会经济发展支撑。第三次新疆综合科学考察中划定的额尔齐斯河流域科学考察区域，北起阿尔泰山，南至古尔班通古特沙漠的北部，涵盖额尔齐斯河与乌伦古河，阿勒泰地区的1市6县及昌吉市、和布克赛尔蒙古自治县、木垒县等9个行政区的部分区域。受人类活动的影响，该区域的生态系统出现外来物种，导致出现生物多样性保护问题，这给该区域的生态保护和经济发展带来了挑战。因此，开展该流域外来物种的调查不仅具有重要的科学研究意义，也是保护该流域生态安全、发展绿色生态经济的迫切需求。

在第三次新疆综合科学考察专项的资助下，2021—2024年，由中国环境科学研究院、中国科学院动物所和中国科学院新疆生态与地理研究所组成的外来水生生物科考队、外来陆生动物科考队、外来陆生植物科考队共30余人开展了100余天的野外科考调查，对额尔齐斯河流域外来物种开展了调查。调查期间，设置野外踏查点 1 555 余处，共采集外来物种样品 951 份，60 种外来物种。此次调查，摸清了额尔齐斯河流域外来物种种群建立状况，分析了其对本土物种及生态系统的影响，为在“一带一路”框架下，推进沿河各国实现生态环境保护政策协调，促进生物多样性保护提供了重要支撑。

本书除附录外，共 4 章，由常江统一汇稿定稿。其中，李永华撰写了第一章及第四章；杜元宝撰写了第二章；杨美琳、曹秋梅撰写了第三章；其他参编人员也分别对不同章节作出了贡献。

由于时间、水平有限，不足之处在所难免，希望广大读者批评指正。

目 录

第一章

额尔齐斯河流域科考外来物种调查概况

1.1 调查区域的地貌、气候、河流水系特征

额尔齐斯河是鄂毕河最大的支流，发源于我国新疆富蕴县阿尔泰山南坡，沿阿尔泰山南麓向西北流，在哈巴河县以西进入哈萨克斯坦，其地貌与阿尔泰山密切相关，是我国唯一一条北冰洋水系的国际河流。我国境内额尔齐斯河上源称库依尔特河，塞米巴拉金斯克以上为上游，地貌主要为山区丘陵；塞米巴拉金斯克以下至鄂木斯克为中游，河谷变宽，河谷内有柳、桦等次生林与草地；鄂木斯克至河口为下游。额尔齐斯河所处的谷地地势北东南三面都比较高，谷地在西北方向有开口，所以额尔齐斯河就只能从东南向西北流动。

额尔齐斯河流域地处亚欧大陆腹地，远离海洋，属大陆性寒温带气候。其纬度高，地形特殊，气温低、降水少、蒸发大，不同季节的大气环境各异，形成了春季多风、夏季不热、秋季凉爽、冬季寒冷漫长的气候特点。流域内气温变化剧烈，年温差为31 ～ 39℃，日温差为 11 ～ 16℃。年日照时数 2 900 h 左右，日照率 62% ～ 71%。太阳总辐射量达 544 J/cm^2。额尔齐斯河流域空气干燥，降水较少，山区平均降水量稍多，平原降水少。山区多年平均降水量达 478 mm，高山带降水量达 600 ～ 1 000 mm。受阿尔泰山等影响，流域西部降水多、东部降水少。各个季节降水量存在显著的周期变化，降水主要集中在夏、秋两季，占全年降水量的 56% ～ 60%。

额尔齐斯河干流有库依尔特河和卡依尔特河两支源流。额尔齐斯河流经富蕴县、福海县、北屯市、阿勒泰市、布尔津县和哈巴河县等 6 县（市），在哈巴河县北湾出境进入哈萨克斯坦。额尔齐斯河流域山区降水量大，且冬季积雪深厚长达半年以上，径流成因以融雪为主，降雨补给为辅。年际间径流量波动幅度大，年内月度分布悬殊，6 月最大，2 月最小，5—8 月集中，枯水期长。支流水量西多东少，西部占全水系总量的 68.8%，东部仅占 31.2%。额尔齐斯河每年 4 月初河道解冻后，约有 5 天的洪水期，汛期的长短、洪峰大小等取决于天气状况。

1.2 调查概况

外来物种入侵是指原产于其他地区（含境外或国内其他生态区域）、经自然或人为途径传入的非本地物种，在缺乏天敌控制的新环境中形成自我再生能力，通过高繁殖力、强竞争力等特性快速扩散，对本地生态系统、物种多样性、农林牧渔业

生产及人畜健康造成威胁或危害的现象。2021 年，农业农村部、自然资源部、生态环境部、海关总署、国家林草局联合印发《进一步加强外来物种入侵防控工作方案》，这一方案明确要求各地启动外来入侵物种普查，通过 3 年左右的时间，摸清我国外来入侵物种的种类数量、分布范围、危害程度等情况。新疆作为我国通往中亚和亚欧大陆的西北大门，对外交流频繁，同时近些年来随着水产养殖和贸易的发展，越来越多的外来物种开始流入，有的已在野外建立繁殖种群。以食肉兽类为例，作为食物链的顶端类群，外来食肉兽类的入侵将通过下行效应对土著生物群落结构和生态系统功能产生重要影响。

1.2.1　陆栖外来动物

调查概况：

2022—2023 年，为系统调查额尔齐斯河流域陆栖外来脊椎动物的引种、分布和入侵现状，中国科学院动物研究所动物入侵生态学研究组在额尔齐斯河流域开展了系统调查，调查过程以当地陆路、水路交通网络，生态功能区，旅游地，市场和边境口岸等人类活动密集区为主。在系统梳理历史文献的基础上，通过走访调查、市场调查、野外样线（点）调查等考察方法开展额尔齐斯河流域内外来陆栖脊椎动物的引种、野外种群分布和入侵现状调查。相关调查人员在福海县、富蕴县、青河县、布尔津县、吉木乃县、哈巴河县以及阿勒泰市和北屯市等地的野外调查中，共计在自然生境中发现陆栖外来脊椎动物 2 种，为北美水貂（*Neovison vison*）和麝鼠（*Ondatra zibethicus*）；疑似外来鸟类 1 种，为欧金翅雀（*Chloris chloris*）（通过走访调查了解到的物种，野外调查中未证实）；市场调查发现陆栖外来脊椎动物 9 种，包括虎皮鹦鹉（*Melopsittacus undulatus*）、小葵花凤头鹦鹉（*Cacatua sulphurea*）、七彩文鸟（*Chloebia gouldiae*）、巴西红耳龟（*Trachemys scripta elegans*）、钟角蛙（*Ceratophrys ornata*）、美洲牛蛙（*Aquarana catesbeianus*）等，但市场调查到的陆栖外来脊椎动物均未在野外发现个体或种群。

调查路线：

（1）2022 年以额尔齐斯河中上游为调查重点区域

东部考察路线：阿勒泰市→福海县（乌伦古湖→吉力湖→阔克阿尕什乡→齐干吉迭乡→喀拉玛盖镇）→富蕴县（杜热镇→ 324 省道 52 km^2 处→恰库尔图镇）→青河县（萨尔托海乡→布尔根河狸自然保护区→塔克什肯镇→阿尕什敖包乡→查干郭勒乡→阿热勒托别镇→青河县县城→大青河森林公园→阿热勒镇）→富蕴县（富蕴

县县城→吐尔洪乡可可苏里水库→可可托海镇→库卫村→库尔特乡）→阿勒泰市。

（2）2023 年以额尔齐斯河中下游为重点调查区域

西部考察路线：阿勒泰市→北屯市→布尔津县（布尔津县县城→阿肯齐村→冲乎尔镇→禾木喀纳斯乡→喀纳斯湖）→哈巴河县（铁热克提乡→齐巴尔镇→库勒拜乡→哈巴河县县城→齐巴尔镇哈巴河汇口→可可托海镇→北湾）→ 185 团（白沙湖）→阿勒泰市。

1.2.2 陆生外来植物

调查概况：

2022—2023 年，为系统调查额尔齐斯河流域陆生外来植物的引种、分布和入侵现状，中国科学院新疆生态与地理研究所在额尔齐斯河流域进行了全域调查（共计 6 县 2 市 19 个镇 39 个乡）。通过文献资料统计、野外调查、标本查阅、口岸调查等手段，对分布于额尔齐斯河流域泰加林、河谷林、草地等典型地区，包括陆地交通网络、水利与生态工程等人类活动区域的外来植物进行调查，共调查踏查点 1 255 个，设置入侵植物监测样地 31 个，样方调查 187 个。勾绘外来植物分布图斑 358 块，总面积 1 493.50 hm^2，占阿勒泰地区总面积的 1.26%。经调查统计，额尔齐斯河流域外来陆生植物共 40 种，隶属 11 科 27 属，累计收集野生植物物种分布点位 1 600 余个，采集额尔齐斯河流域野生维管植物 1 299 份（其中外来植物 217 份，群落伴生植物 520 份），拍摄照片 3 000 多张。

这 40 种入侵植物中属于菊科（Asteraceae）的共有 11 属 14 种，分别占额尔齐斯河流域外来入侵植物总属数的 40.74%、总种数的 35.00%；属于豆科（Fabaceae）的有 4 属 8 种，分别占额尔齐斯河流域外来入侵植物总属数的 14.81%、总种数的 20.00%；属于旋花科（Convolvulaceae）的共有 2 属 5 种，分别占额尔齐斯河流域外来入侵植物总属数的 7.41%、总种数的 12.50%；属于苋科（Amaranthaceae）的共有 2 属 5 种，分别占额尔齐斯河流域外来入侵植物总属数的 7.41%、总种数的 12.50%；属于禾本科（Poaceae）的共有 2 属 2 种，分别占额尔齐斯河流域外来入侵植物总属数的 7.41%、总种数的 5.00%；属于茄科（Solanaceae）、漆树科（Anacardiaceae）、葡萄科（Vitaceae）、伞形科（Apiaceae）、紫茉莉科（Nyctaginaceae）、毛茛科（Ranunculaceae）、藜科（Chenopodiaceae）的均只有 1 属 1 种，各占额尔齐斯河流域外来入侵植物总属数的 3.70%、总种数的 2.50%。

调查路线：

以额尔齐斯河流域 G216 和 G217 为主线，以额尔齐斯河流域的塔克什肯口岸、红山嘴口岸、吉木乃口岸、阿黑土别克口岸为据点布设 1 条独立线路：从富蕴开始，沿 G216 和 S230 至塔克什肯口岸，从塔克什肯口岸沿查干郭勒乡—江布塔斯村公路至三道海子；从三道海子沿 S228、S220 到富蕴；从富蕴沿 S235 至富蕴额尔齐斯大峡谷；从额尔齐斯大峡谷沿 G216 至北屯、福海；从福海沿 S230 至红山嘴口岸；从红山嘴口岸沿 S230 至库尔木图边防桥（路口）至库尔木图；从库尔木图沿拉哈线至阿勒泰；从阿勒泰沿 X844K0-640 小东沟风景区路至小东沟；从小东沟沿 G217 和 S232 至喀纳斯；从喀纳斯沿 S229 至哈巴河；从哈巴河沿 Z840 至中哈边界；从哈巴河沿 S229 至吉木乃；从吉木乃沿 S319 至中哈边界；从吉木乃沿别斯铁热克乡—加勒格孜喀拉尕依村公路至吉木乃高山冰缘区国家湿地公园。

调查方法：

（1）野外踏查

根据外来植物的入侵特点及额尔齐斯河流域生态系统类型的多样性，中国科学院新疆生态与地理研究所植物研究组于 2022 年 6 月至 2023 年 9 月对额尔齐斯河流域的 256 个踏查点进行全面踏查。以额尔齐斯河流域交通干线为主线，以入侵高风险区、受人类干扰强度高的口岸、牧业迁徙道、交通网络、水利工程沿岸和生态工程区域为重点调查区域，先后调查了流域内的 8 个县级行政区的森林、草原、草甸、荒漠、农业、湿地生态系统。记录踏查点的地理位置、生境类型、植被类型、群落物种组成及干扰强度。

（2）重点物种标准样地调查

根据额尔齐斯河流域外来入侵植物的实地踏查结果，选择危害重、分布广的意大利苍耳、刺苍耳、小蓬草、野莴苣、红车轴草、白花草木樨、草木樨、蓍、菟丝子 9 个物种进行重点调查，设置标准样地进行典型样方调查。选择入侵植物密集区布设 50 m×50 m 的监测样地，在样地内沿对角线布设 5 个 5 m×5 m 的灌木植物样方，5 个 1 m×1 m 的草本植物样方，在每个对角线四分区的中心点布设 1 个 1 m×1 m 的草本植物样方，记录样地的地理位置、生境类型、样方内群

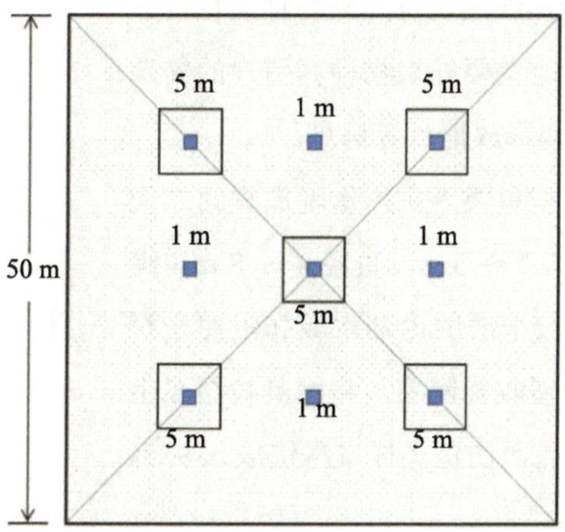

样方布设

落物种组成等并拍摄照片。额尔齐斯河流域共设置入侵植物监测样地 31 个，监测样方 187 个。

1.2.3 水生生态系统外来物种

调查概况：

2022—2024 年，为系统调查额尔齐斯河流域水生外来物种引种、分布和入侵现状，中国环境科学研究院对额尔齐斯河流域开展了系统调查。在额尔齐斯河流域外来水生生物野外调查行动中，共发现外来水生生物种类 9 种，包括东方欧鳊（*Abramis brama orientalis*）、麦穗鱼（*Pseudorasbora parva*）、棒花鱼（*Abbottina rivularis*）、鲤（*Cyprinus carpio*）、池沼公鱼（*Hypomesus olidus*）、大鳞副泥鳅（*Paramisgurnus dabryanus*）、小黄黝鱼（*Micropercops swinhonis*）等。共采集鱼类样本 1 109 份，其中 7 月调查行动采集样本 627 份，9 月调查行动采集样本 482 份。

以额尔齐斯河及其支流为调查重点，具体调查路线如下：

西部调查路线：阿勒泰市→北屯市→布尔津县（布尔津县县城→冲乎尔镇→禾木喀纳斯乡→喀纳斯湖→哈巴河县（铁热克提乡→齐巴尔镇→库勒拜乡→哈巴河县县城→齐巴尔镇哈巴河汇口→可可托海镇→北湾）→ 185 团（白沙湖）；

东部调查路线：福海县（乌伦古湖、吉力湖→阔克阿尕什乡→齐干吉迭乡→喀拉玛盖镇）→富蕴县（杜热镇→恰库尔图镇）→青河县（萨尔托海乡→塔克什肯镇→阿尕什敖包乡→查干郭勒乡→阿热勒托别镇→青河县县城→阿热勒镇）→富蕴县（富蕴县县城→吐尔洪乡可可苏里水库→可可托海镇→库卫村→库尔特乡）。

调查方法主要采用野外生态学研究方法。用常规样线法调查外来物种的种群分布和密度，访问调查法收集市场、额尔齐斯河流口岸、主要外来物种养殖户的养殖种类和历史，寺庙等主要放生活动的频次、释放物种和释放地点等信息。

用网捕法测定水生生物可利用量。地笼以捕捞小型鱼类为主，傍晚放置第二天取出或根据采集安排 2 ～ 6 h 后取出；网眼为 1 指，高 2 ～ 5 m，直径 4 ～ 8 m，绳长 8 ～ 10 m 的手抛网，适用于水深 1 m 以上且水流较平缓的内陆水域和沿海平缓浅湾，抛出后，静待坠子下沉几分钟或沉底后，再缓慢收拢网衣，将网具拉至船上或岸边，从网兜中小心取鱼，以免鱼体鳞片掉落。拍完照的鱼类样本尽快放入 95%

1　李思忠．新疆北部鱼类的调查研究．动物学报，1996，18：41-56.

酒精中或者福尔马林固定液中进行固定，并平整地放置于收纳箱中。用分类学方法对标本进行形态学鉴定，然后用分子生态学 DNA 宏条形码技术进一步鉴定，提高鉴定的准确性。

第二章

额尔齐斯河流域陆栖外来动物

2.1 北美水貂

北美水貂 *Neovison vison*（Schreber, 1777）

分类地位：脊索动物门 Chordata、哺乳纲 Mammalia、食肉目 Carnivora、鼬科 Mustelidae

英文名：American mink

俗名：水貂

引用来源：Animal Diversity Web（ADW）

2.1.1 生物学特征

北美水貂是体型中等的半水生鼬。雄性头体长 33 ～ 43 cm、尾长 15.8 ～ 23 cm、体重 681 ～ 2 310 g；雌性头体长 30 ～ 40 cm、尾长 12.8 ～ 20 cm、体重 790 ～ 1 089 g。身体细长且灵活，四肢较短，尾巴不到头体长度的一半，耳朵短而圆，略高于体毛。头形狭长，嗅觉、听觉灵敏。尾巴多毛，掌上及脚趾有蹼。夏天的毛较稀疏；冬天的毛较密且色深，很适合低温环境。北美水貂的毛皮柔软而奢华，底绒长，保暖层针毛油滑厚实，耐水性。脚除了足尖和衬垫，全部覆盖皮毛。皮毛有光泽，通常是深褐色至黑色，下颏有一大块白斑，胸部和腹部有时也有白点。然而，这种已被选择性人工圈养的水貂，已被培育出许多不同颜色的品种。这些皮毛颜色不同的北美水貂逃脱养殖场后就成为野生个体，所以在野生环境中也可以见到白色、灰色、黄褐色或黑色的个体[1]。

北美水貂 1

1 https://dx.doi.org/10.2305/IUCN.UK.2016-1.RLTS.T41661A45214988.en. Accessed on 01 April 2024.

2.1.2　原产地和额河*片区入侵分布

分布区：原产于北美加拿大和美国，但不包括亚利桑那州、加利福尼亚州、内华达州、犹他州、新墨西哥州和得克萨斯州的干旱地区，作为皮毛经济动物，北美水貂被引入俄罗斯和欧洲其他地区，而后通过逃逸及有意放生等途径，已在欧洲多个地区形成野外种群，并在一些国家迅速增加并构成生物入侵[1]。

历史调查：2016—2021 年，栾晓峰团队对我国东北地区北美水貂种群开展调查，调查中发现北美水貂分布于黑龙江、吉林一带[2]。2010 年之后，蒋志刚团队对我国北疆北美水貂种群开展调查，调查中发现北美水貂分布于布尔津县、富蕴县[3,4]。

北美水貂 2

当前调查：本次调查共分 2 次进行，发现北美水貂野外个体点位 9 处，未捕获实体，在调查中发现北美水貂的活动范围可能包括富蕴县、福海县、青河县、布尔津县、哈巴河县和阿勒泰市。

2.1.3　栖息地环境

栖息在近淡水的地区。它们会栖息在河岸或距河堤 4 km 以内的地方，并以气味来定地盘[5]。该物种在溪流和湖泊以及沼泽中发现。它们喜欢植被茂密的地区，在

* 额河：指额尔齐斯河，后同。

1　Reid F, Schiaffini M, Schipper J. Neovison vison. The IUCN Red List of Threatened Species 2016: e.T41661A45214988. https://dx.doi.org/10.2305/IUCN.UK.2016-1.RLTS.T41661A45214988.en. Accessed on 01 April 2024.

2　陈敏豪，张超，王嘉栋，等 . 北美水貂和欧亚水獭在东北地区的分布与生态位重叠 . 生物多样性，2023，31： 22289.

3　刘晏良 . 阿勒泰生态环境 . 北京： 中国环境科学出版社，2010.

4　黄元骏，崔绍朋，李娜，等 . 外来食肉类北美水貂在新疆阿勒泰地区的入侵及潜在影响探讨 . 科学通报，2017，62： 279-288.

5　https://dx.doi.org/10.2305/IUCN.UK.2016-1.RLTS.T41661A45214988.en. Accessed on 01 April 2024.

石头或树木的根下，或在自挖的洞穴中觅食。如果食物丰富，也可以在干燥的生境中发现该物种[1]。

2.1.4 经济价值

北美水貂主要用于制造毛皮大衣、夹克和斗篷，还可用于制造水貂围巾和披肩。不能转化为这些物品的皮毛被制成布和毛皮大衣的边角料。外套和斗篷多用中小型个体制作，通常是雌性和年轻的雄性，而装饰、围巾和披肩则用成年雄性制作。最有价值的毛皮来自加拿大东部，其虽然是个体最小的，但却是最丝滑和颜色最深的。由于人们对水貂皮的热情日益高涨，野生水貂的采捕量不足以满足新的需求，于是人们开始人工繁殖北美水貂。北美水貂的人工繁殖始于 19 世纪末。它们很容易适应人工环境，并且很容易繁殖。2005 年，美国的北美水貂产量排名第四，仅次于丹麦、中国和荷兰[2]。

2.2 麝鼠

麝鼠 *Ondatra zibethicus*（Linnaeus, 1766）

分类地位：脊索动物门 Chordata、哺乳纲 Mammalia、啮齿目 Rodentia、仓鼠科 Cricetidae

英文名：Muskrat

俗名：麝香鼠、青根貂

引用来源：《中国动物志》、中国动物主题数据库

2.2.1 生物学特征

麝鼠个体大，体长 220 ～ 300 mm，颅全长 60.2 ～ 67.3 mm，体重 454 ～ 1100 g，为田鼠亚科个体最大的种类。身体粗硕。头短而粗，嘴钝圆。颈不明显，外观上头似乎直接连接到躯干上。耳短，耳孔有耳屏遮盖。由于耳周围的毛长，耳朵几乎完全隐藏在毛中。毛浓密，毛长而细，底毛柔软，既保温又防水。眼小。尾巴极长，约占体长的 2/3。尾侧扁，尾高大于尾宽，尾基部为圆柱形。表无长毛，表面覆盖着小鳞片。鳞片间有极不明显的短而硬的绒毛。舵状的尾巴能够在水中挥

1　Reid F, Schiaffini M, Schipper J. Neovison vison. The IUCN Red List of Threatened Species 2016: e.T41661A45214988. https://dx.doi.org/10.2305/IUCN.UK.2016-1.RLTS.T41661A45214988.en. Accessed on 01 April 2024.

2　https://dx.doi.org/10.2305/IUCN.UK.2016-1.RLTS.T41661A45214988.en. Accessed on 01 April 2024.

麝鼠 1

摆自如，不黏水，有助于在水中游泳前进。前、后脚均5指(趾)。前脚稍大，掌裸露。指均具爪。拇指稍小。第2指短，第3指稍长于第4指，第5指最短。后脚比前脚大得多，形状略弯曲。脚趾具粗而稍长的爪。脚掌裸露，有4个或5个跖垫，后内侧的跖垫大而长。前脚趾间无蹼，后脚趾间后半部有蹼，即所谓的“半蹼”。后脚的侧缘及每个脚趾均生有由粗毛构成的明显的穗毛，通称“泳穗”。以上的形态特征，均足以反映出其对水生生活的适应。乳头6个，胸部一对，腹部两对。会阴腺（俗称“麝腺”）十分发达，分泌一种十分强烈、似麝香的味道[1]。

2.2.2　原产地和额河片区入侵分布

分布区：原产于北美，除北美大陆外，其他大洲本无麝鼠分布。1905年春，捷克王子 Colloredo-Mannsfed 由美洲阿拉斯加带回3对麝鼠，途中1只雌鼠死亡。其将带回的3雄、2雌的麝鼠放养在布拉格西南40 km的两个天然池塘中。最初喂以谷物、胡萝卜和马铃薯，然而不久全部逃逸，它们的后代扩散到捷克、德国、奥地利及瑞士。其大量繁殖后，1922年被引入芬兰；1927年被引入英国；1929—1930年被引入苏联；20世纪40年代初，由欧洲西部向远东和中亚地区扩散，分布区逐渐扩大至中国和蒙古国。日本也引种麝鼠至本州中部。因此，在亚欧大陆不仅有了麝鼠，而且由于其繁殖力强，数量增加快，分布也相当广[2]。

历史调查：1953年首先在中国伊犁河流域发现，1955年又在黑龙江流域发现，继而在乌苏里江流域发现[3]。

当前调查：本次调查共分2次进行，发现麝鼠野外个体点位40余处，捕获实体共计4只，在调查中发现麝鼠的活动范围可能包括阿勒泰市、福海县、富蕴县、青河县和布尔津县。

1, 2, 3　罗泽珣，陈卫，高武，等. 中国动物志. 兽纲. 第六卷. 啮齿目（下册）仓鼠科. 北京：科学出版社，2000.

2.2.3 栖息地环境

麝鼠 2

麝鼠陆地栖居，在水中能游泳和潜水，是半水栖的兽类。多栖居在芦苇、香蒲等挺水植物丛生、水流平缓、适于筑窝的江湾、河汊、浅水小湖塘（水深 0.3 ～ 1m）及常年积水、有池塘（俗称“水泡子”）的沼泽甸子中。土质适宜于筑洞的岸边，就筑洞；难以筑洞的地方，如苇塘或沼泽地，就筑巢[1]。

2.2.4 经济价值

麝鼠裘皮质佳。毛滑润，有光泽，毛色似水獭。底绒厚，保温性良好。皮板结实，适于制皮帽及衣领。我国年产裘皮量高。在黑龙江，年产约 12 万张；在新疆年产 25 万张。如果结合发展加工业，将极有发展前途。目前，熟制裘皮虽皮板柔软，但是有异味难消除，这虽是目前制裘普遍存在的问题，但从提高经济效益考虑，有待吸取先进科学技术加以解决。

麝鼠的香腺可以提取香料，用来制成天然而无污染的化妆品原料。随着麝鼠饲养业的发展，麝鼠香料货源有保证，可成批加工，极有经营前途。麝鼠肉细嫩，似家禽肉，蛋白质含量高达 19.5%，与牛肉接近，但脂肪含量低，仅有约 3.6%，相较之下，牛肉脂肪含量达 7.7%；鸡肉、兔肉蛋白质含量分别高达 21.33%、21.47%，但脂肪含量也高，分别为 4.55% 及 9.76%；猪肉蛋白质含量为 14%，而脂肪含量高达 28.10%。由此看来，麝鼠肉是一种保健食品。随着麝鼠饲养业的发展，屠宰时可放净血液，肉无血腥味，明显提高肉的质量。

麝鼠在堤岸打洞，在农业区不宜引种散放。麝鼠一方面会在堤坝上筑洞，造成水利设施的隐患。另一方面，麝鼠会大量啃食荷花等挺水植物的根茎，造成大量经济损失。因此，农区以笼养为好。[2]

1, 2　罗泽珣，陈卫，高武，等 . 中国动物志 . 兽纲 . 第六卷 . 啮齿目（下册）仓鼠科 . 北京：科学出版社，2000.

第三章

额尔齐斯河流域陆生外来植物

3.1 南川百合

南川百合 *Lilium rosthornii* Diels

分类地位：植物界 Plantae、被子植物门 Angiospermae、百合纲 Liliopsida、百合目 Liliales、百合科 Liliaceae、百合属 *Lilium* L.

英文名：Lily of nanchuan

引用来源*：《中国栽培植物名录》[1]

3.1.1 生物学特征

鳞茎未见。茎高 40 ～ 100 cm，无毛。叶散生，中、下部的为条状披针形，长 8 ～ 15 cm，宽 8 ～ 10 mm，先端渐尖，基部渐狭成短柄，两面无毛，全缘；上部卵形，长 3 ～ 4.5 cm，宽 10 ～ 12 mm，先端急尖，基部渐狭，中脉明显，两面无毛，全缘。总状花序可具多达 9 朵花，少有花单生；苞片宽卵形；花被片反卷，黄色或黄红色，有紫红色斑点，蜜腺两边具多数流苏状突起；雄蕊四面张开；子房圆柱形。蒴果长矩圆形，棕绿色。

南川百合

3.1.2 原产地和额河片区入侵分布

分布区：分布于四川、湖北和贵州等省份。

当前调查：本次调查共分 3 次进行，在 1 个调查点位发现南川百合，位于阿勒泰市，共采集标本 1 份。

3.1.3 生长环境

生长于山沟、溪边或林下，海拔 350 ～ 900m。

---

* 本章引用来源仅第一次出现时用脚注给出具体信息。

1 林秦文. 中国栽培植物名录. 北京：科学出版社，2018.

3.1.4　经济价值

鳞茎可入药，亦可食，同时具有较高观赏价值。

3.2　野燕麦

野燕麦 *Avena fatua* L.

分类地位：植物界 Plantae、被子植物门 Angiospermae、木兰纲 Magnoliopsida、禾本目 Poales、禾本科 Poaceae、燕麦属 *Avena* L.

英文名：Wild oat

俗名：乌麦、铃铛麦、燕麦草、南燕麦

引用来源：《生物入侵：中国外来入侵植物图鉴》[1]

野燕麦

3.2.1　生物学特征

一年生草本植物，须根较坚韧。秆直立，光滑无毛，高 60 ～ 120 cm，具 2 ～ 4 节。

1　万方浩，刘全儒，谢明．生物入侵：中国外来入侵植物图鉴．北京：科学出版社，2012.

叶鞘松弛，光滑或基部者被微毛；叶舌膜质，长 1 ～ 5 mm；叶片扁平，长 10 ～ 30 cm，宽 4 ～ 12 mm。圆锥花序开展，金字塔形，长 10 ～ 25 cm，分枝具棱角，粗糙；小穗长 18 ～ 25 mm，含 2 ～ 3 花，小穗柄弯曲下垂，顶端膨胀；小穗轴密生淡棕色或白色硬毛，节脆硬易断落，第一节间长约 3 mm；颖果被淡棕色柔毛，腹面具纵沟，长 6 ～ 8 mm。花果期 4—9 月。

3.2.2 原产地和额河片区入侵分布

分布区：野燕麦原产于欧洲南部及地中海地区，随小麦进口传入中国。19 世纪中叶先后在中国香港和福州采到标本。分布于广东、广西、吉林、安徽等省（区），也分布于欧、亚、非三洲的温寒带地区，并且北美洲也有输入。

历史调查：前期发现青河县、阿勒泰市、富蕴县、吉木乃县、福海县、布尔津县均有分布。

当前调查：分布区本次调查共分 3 次进行，在 27 个调查点位发现野燕麦，分布于阿勒泰市、哈巴河县、吉木乃县，共采集标本 9 份。

3.2.3 生长环境

生长于荒芜田野或田间杂草中。

野燕麦生境照片

3.2.4　经济价值

本种植物除为粮食的代用品及牛、马的饲料外，籽实也可供人食用。常为小麦田间杂草，又是造纸原料。

3.3　芒颖大麦草

芒颖大麦草 *Hordeum jubatum* L.

分类地位：植物界 Plantae、被子植物门 Angiospermae、木兰纲 Magnoliopsida、禾本目 Poales、禾本科 Poaceae、大麦属 *Hordeum* L.

英文名：Foxtail barley

引用来源：《中国外来入侵植物彩色图鉴》[1]

芒颖大麦草

3.3.1　生物学特征

一年生草本植物。秆丛生，直立或基部稍倾斜，高 30 ～ 45 cm，径约 2 mm，具 3 ～ 5 节。叶鞘下部者长于节间而中部以上者短于节间；叶舌干膜质、截平，长约 0.5 mm；叶片扁平，粗糙，长 6 ～ 12 cm，宽 1.5 ～ 3.5 mm。穗状花序柔软，绿色或稍带紫色，长约 10 cm（包括芒）；穗轴成熟时逐节断落，节间长约 1 mm，棱边具短硬纤毛；三联小穗两侧者各具长约 1 mm 的柄，两颖为长 5 ～ 6 cm 弯软细芒状，其小花

1　严靖，闫小玲，马金双．中国外来入侵植物彩色图鉴．上海：上海科学技术出版社，2016.

通常退化为芒状，稀为雄性；中间无柄小穗的颖长 4.5 ～ 6.5 cm，细而弯；外稃披针形，具 5 脉，长 5 ～ 6 mm，先端具长达 7 cm 的细芒；内稃与外稃等长。花果期为 5—8 月。

3.3.2　原产地和额河片区入侵分布

分布区：原产于北美及亚欧大陆的寒温带，中国东北有分布。

当前调查：本次调查共分 3 次进行，在 1 个调查点位发现芒颖大麦草，位于富蕴县。

3.3.3　生长环境

芒颖大麦草具有很强的耐盐碱能力，常生长于路旁或田野。喜光，耐旱，耐瘠薄，对土壤要求不严。

芒颖大麦草生境照片

3.3.4　经济价值

芒颖大麦草营养含量较高，适口性高，牛、羊、马均采食，是一种良好的牧草。其在 5 月初即进入生殖及生长期，其小穗颜色粉绿，花序肉红色，具长芒，极具观赏性，6—8 月当其成熟时小穗及穗轴又转为金黄色，芒、颖开展，姿态优美，具有较好的景观效果，是一种值得发展的观赏植物。

3.4　飞燕草

飞燕草 *Consolida ajaciss*（L.）Schur

分类地位：植物界 Plantae、被子植物门 Angiospermae、木兰纲 Magnoliopsida、毛茛目 Ranunculales、毛茛科 Ranunculaceae、飞燕草属 *Consolida*（DC.）S. F. Gray

英文名：Poisonweed

引用来源：《中国外来入侵植物名录》[1]

3.4.1　生物学特征

飞燕草

茎高达 60 cm，与花序均被或多或少弯曲的短柔毛，中部以上分枝。茎下部叶有长柄，在开花时多枯萎，中部以上叶具短柄；叶片长达 3 cm。掌状细裂。小裂片狭线形，宽 0.4 ～ 1 mm，有短柔毛。花序生茎或分枝顶端，下部苞片叶状，上部苞片小，不分裂，线形；花枝长 0.7 ～ 2.8 cm；小苞片生花梗中部附近，小，条形；萼片紫色、粉红色或白色，宽卵形，长约 1.2 cm，外面中央疏被短柔毛，距钻形，长约 1.6 cm；花瓣瓣片三裂。中裂片长约 5 mm。先端二浅裂，侧裂片与中裂片成直角展出，卵形；花药长约 1 mm。果长 1.8 cm，密被短柔毛，网脉稍隆起，不太明显。种子长约 2 mm。

1　马金双，李惠茹 . 中国外来入侵植物名录 . 北京：高等教育出版社，2018.

3.4.2 原产地和额河片区入侵分布

分布区：原产于欧洲南部和亚洲西南部，在新疆各地有栽培。

当前调查：本次调查共分 3 次进行，在 1 个调查点位发现飞燕草，位于富蕴县，共采集标本 1 份。

3.4.3 生长环境

飞燕草对气候的适应性较强，以湿润凉爽的气候环境较为适宜。喜光、稍能耐阴，生长期可在半阴处，花期需充足的阳光照射。

3.4.4 经济价值

花可供观赏，种子含油量约 30%，可供工业用油。

3.5 五叶地锦

五叶地锦 *Parthenocissus quinquefolia*（L.）Planch.

分类地位：植物界 Plantae、被子植物门 Angiospermae、木兰纲 Magnoliopsida、葡萄目 Vitales、葡萄科 Vitaceae、地锦属 *Parthenocissus* Planch.

英文名：Virginia creeper

俗名：掌叶地锦、美国地锦、美国爬山虎、五叶爬山虎

引用来源：《中国外来入侵物种编目》[1]

3.5.1 生物学特征

木质藤本。小枝圆柱形，无毛。卷须 5 ～ 9 分枝，相隔 2 节间断与叶对生，卷须顶端尖细卷曲，遇附着物成吸盘。叶为掌状 5 小叶，小叶倒卵圆形或椭圆形，长 5.5 ～ 15 cm，宽 3 ～ 9 cm，顶端渐尖，基部楔形，边缘有粗锯齿，上面绿色，下面浅绿色，两面均无毛或下面脉上被疏柔毛。花序为圆锥状多歧聚伞花序，长 8 ～ 20 cm；花两性；萼碟形，边缘全缘，无毛；花瓣长椭圆形；雄蕊 5，花药长椭圆形；花盘不明显；子房卵状锥形，柱头不扩大。浆果球形，蓝黑色，直径 1 ～ 1.2 cm，有种子 1 ～ 4 粒。种子倒卵形，顶端圆形，基部急尖成短喙，种脐近圆形，腹部中棱脊突出，两侧洼穴

1　徐海根，强胜 . 中国外来入侵物种编目 . 北京：中国环境科学出版社，2004.

五叶地锦

呈沟状，从种子基部斜上达种子顶端。花期 6—7 月，果期 8—10 月。

3.5.2 原产地和额河片区入侵分布

分布区：原产于北美，在中国分布于东北、华北各地。新疆乌鲁木齐市、伊宁市、哈密市、吐鲁番市有栽培。

历史调查：前期发现在阿勒泰市、布尔津县有分布。

当前调查：额河片区各县（市）庭院均有引种栽培。

3.5.3 生长环境

五叶地锦喜温暖气候，具有一定的耐寒能力，耐阴、耐贫瘠、耐干燥，对土壤与气候适应性较强，在中性或偏碱性土壤中均可生长，有一定的抗盐碱能力，抗病性强，病虫害少。

3.5.4 经济价值

为优良的城市垂直绿化树种。

3.6 南苜蓿

南苜蓿 *Medicago polymorpha* L.

分类地位：植物界 Plantae、被子植物门 Angiospermae、木兰纲 Magnoliopsida、豆目 Fabales、豆科 Fabaceae、苜蓿属 *Medicago* L.

英文名：California burclover

俗名：金花菜、黄花草子、多型苜蓿、黄花苜蓿、刺苜蓿

引用来源：《中国外来入侵植物名录》

南苜蓿

3.6.1 生物学特征

一、二年生草本植物，茎平卧、上升或直立，近四棱形，基部分枝，无毛或微被毛。羽状三出复叶；托叶大，卵状长圆形，长 4 ～ 7 mm；叶柄柔软，细长，长 1 ～ 5 cm，上面具浅沟；小叶倒卵形或三角状倒卵形，长 7 ～ 20 mm，宽 5 ～ 15 mm。花序头状伞形，具花 1 ～ 10 朵；总花梗腋生，纤细无毛，长 3 ～ 15 mm，通常比叶短，花序轴先端不呈芒状尖；苞片甚小，尾尖；花长 3 ～ 4 mm；花梗不到 1 mm；萼钟形，长约 2 mm，萼齿披针形，与萼筒近等长，无毛或稀被毛；花冠黄色，旗瓣倒卵形，先端凹缺，基部阔楔形，比翼瓣和龙骨瓣长，

翼瓣长圆形，基部具耳和稍阔的瓣柄；子房长圆形，镰状上弯，微被毛，荚果盘形，暗绿褐色，顺时针方向紧旋 1.5 ～ 2.5 圈，直径（不包括刺长）4 ～ 6 mm，螺面平坦无毛，有多条辐射状脉纹，近边缘处环结，每圈具棘刺或瘤突 15 枚；种子每圈 1 ～ 2 粒。种子长肾形，长约 2.5 mm，宽 1.25 mm，棕褐色，平滑。花期 3—5 月，果期 5—6 月。

3.6.2　原产地和额河片区入侵分布

分布区：原产于印度，我国各地均有栽培。

当前调查：本次调查共分 3 次进行，在 5 个调查点位发现南苜蓿，位于阿勒泰市，共采集标本 1 份。

3.6.3　生长环境

适宜生长于排水良好的壤土和沙质壤土中，耐寒力强。

3.6.4　经济价值

本种是优良的绿肥植物，也可作饲料，嫩叶可食用。

3.7　紫苜蓿

紫苜蓿 *Medicago sativa* L.

分类地位：植物界 Plantae、被子植物门 Angiospermae、木兰纲 Magnoliopsida、豆目 Fabales、豆科 Fabaceae、苜蓿属 *Medicago* L.

英文名：Alfalfa

俗名：苜蓿、紫花苜蓿

引用来源：《中国外来入侵物种编目》

3.7.1　生物学特征

多年生宿根性草本植物，根系发达，呈圆锥形，主根可深入土中长达数米。茎高 30 ～ 100 cm，直立或斜升，基部多分枝，光滑或微被柔毛。三出羽状复叶，小叶片长卵形、倒卵状圆形或倒披针形，长 10 ～ 25 mm，宽 3 ～ 10 mm；托叶披针形，常被柔毛，长约 5 mm，先端尖，下部具齿，以至达到深裂。总状花序腋生，卵状矩圆形，短而疏松，长 1 ～ 2.5 cm，含 5 ～ 30 朵花，花序梗长于花柄；花长 8 ～ 15 mm；花

紫苜蓿

萼筒状钟形，长 3 ～ 5 mm；花冠紫色，长 8 ～ 14 mm。荚果螺旋状盘曲 2 ～ 4 圈，直径 5 ～ 9 mm，成熟后黑褐色，稍有毛，含种子 2 ～ 8 粒，种子卵状肾形，黄色、黄绿色或黄褐色，长 1 ～ 2.5 mm，宽 1 ～ 1.5 mm。花果期 6—9 月。

3.7.2 原产地和额河片区入侵分布

分布区：本种原产于欧洲及亚洲西部，在我国分布于东北、华北、西北各省区。世界各地均有栽培。

当前调查：本次调查共分 3 次进行，在 143 个调查点位发现紫苜蓿，分别位于青河县、阿勒泰市、哈巴河县、富蕴县、福海县，共采集标本 5 份。

3.7.3 生长环境

生长于田边、路旁、旷野、草原、河岸及沟谷等地。紫苜蓿喜欢温暖到半干旱的气候，抗寒性较强；适合种植在排水良好、水分充足、土壤肥沃的沙土或土层深厚的黑土中，生长适温 16 ～ 25℃。

紫苜蓿生境照片

3.7.4　经济价值

紫苜蓿为优良绿肥和饲用植物，其花色丰富，在园林中可做地被或用于边坡绿化，也适合用于改良土壤，同时嫩苗或嫩茎叶可食用。

3.8　白花草木樨

白花草木樨 *Melilotus albus* Desr.

分类地位：植物界 Plantae、被子植物门 Angiospermae、木兰纲 Magnoliopsida、豆目 Fabales、豆科 Fabaceae、草木樨属 *Melilotus* Mill.

英文名：White sweetclover

俗名：白香草木樨

引用来源：《生物入侵：中国外来入侵植物图鉴》

白花草木樨

3.8.1 生物学特征

一、二年生草本植物，高 70 ～ 200 cm，全草具香气。茎直立，多分枝，圆柱形，中空。羽状三出复叶，叶柄长 1 ～ 2 cm；小叶片长椭圆形至披针状椭圆形，长 2 ～ 3.5 cm，宽 0.5 ～ 1.2 cm，先端截形，顶端微凹，边缘具细齿；托叶狭三角形至锥形，先端尖。总状花序腋生，短穗状，长 4 ～ 6 cm；花梗长 1 ～ 1.5 mm；花萼钟形，萼齿三角形，与萼筒近等长；花冠白色，长 4 ～ 5 mm，旗瓣稍长于翼瓣，与龙骨瓣近等长。荚果卵圆形，长 3 ～ 4 mm，宽 2 ～ 2.5 mm，灰棕色，具突起的网脉，无毛，含 1 ～ 2 粒种子。种子肾形，黄褐色，平滑或具小疣状凸起。花果期 6—8 月。

3.8.2 原产地和额河片区入侵分布

分布区：原产于亚洲西部，在中国分布于东北、华北、西北及西南各地。世界各地广泛栽培。阿尔泰山的低山河谷，海拔 500 ～ 1 000 m 有野生物种。

当前调查：本次调查共分 3 次进行，在 35 个调查点位发现白花草木樨，分布于阿勒泰市、北屯市、布尔津县、福海县、富蕴县、哈巴河县，共采集标本 18 份。

3.8.3　生长环境

白花草木樨适合生长在湿润或者半干燥的气候，适合的年降水量为 300 ～ 500 mm。具有较强的耐寒能力，一般日平均地温在 3 ～ 6.5 ℃即可萌动，第一片真叶可以忍耐 4℃的短期低温，至 -8℃时会冻死；成株的适宜温度为 20 ～ 25℃，能够忍受 35℃的高温。白花草木樨喜光不耐阴，在充足的光照下生长快，而且产量高，对土壤要求不高，在肥沃、排水良好的黏土或黏壤土中生长良好。该草耐盐碱能力较强，可以用来改良碱土土质。

白花草木樨生境照片

3.8.4　经济价值

茎、叶可作家畜饲料，也可作绿肥，为保持水土的优良草种。

3.9　草木樨

草木樨 *Melilotus officinalis* Pall.

分类地位：植物界 Plantae、被子植物门 Angiospermae、木兰纲 Magnoliopsida、

豆目 Fabales、豆科 Fabaceae、草木樨属 *Melilotus* Mill.

英文名：Sweetclover

俗名：野苜蓿

引用来源：《中国外来入侵植物彩色图鉴》

3.9.1 生物学特征

一年或二年生草本植物，高 50 ～ 100 cm，全草具香气。茎直立，多分枝，无毛。

草木樨

羽状三出复叶，叶片长 1 ～ 2.5 cm，宽 0.3 ～ 0.8 cm，先端钝，中脉成短尖头，边缘具疏细齿；托叶线条形，长约 5 mm，全缘。总状花序腋生，长穗状，长 10 ～ 20 cm；花萼钟形，萼齿狭三角形，与萼筒近等长；花冠黄色，长 3 ～ 4 mm，旗瓣长于翼瓣。荚果卵圆形，下垂，长 3 ～ 4 mm，宽约 2.5 mm，具突起网脉，无毛，含 1 粒种子。种子卵圆形，褐色。花果期 6—8 月。

3.9.2　原产地和额河片区入侵分布

分布区：我国北部、华东、西南各省区及欧洲、北美、亚洲其他地区有分布。

历史调查：前期在青河县、富蕴县、福海县、阿勒泰市、布尔津县发现有草木樨分布。

当前调查：本次调查共分 3 次进行，在 4 个调查点位发现草木樨，分别位于阿勒泰市、青河县、富蕴县，共采集标本 4 份。

3.9.3　生长环境

生长于平原绿洲和山地农区及附近的草甸、河谷，海拔 550 ～ 1 650 m。

3.9.4　经济价值

草木樨全草入药，有清热解毒、健胃化湿等功效；其根系发达，入土深，覆盖度大，生长快，常作为防治水土流失、增加土壤肥力的先锋草种，也是适合种植在干旱、半干旱地区的优良草种之一。此外，草木樨富含蛋白质，常作为家畜的优良饲草。

3.10　杂种车轴草

杂种车轴草 *Trifolium hybridum* L.

分类地位：植物界 Plantae、被子植物门 Angiospermae、木兰纲 Magnoliopsida、豆目 Fabales、豆科 Fabaceae、车轴草属 *Trifolium* L.

英文名：Alsike clover

俗名：杂三叶、杂车轴草、金花草

引用来源：《中国外来入侵植物名录》

3.10.1 生物学特征

杂种车轴草

多年生草本植物，高30～60 cm。茎上无毛或仅上部被疏毛。掌状三出复叶；下部的叶具长柄，可达12 cm，上部叶柄较短，仅2～5 cm；小叶近无柄；小叶片椭圆形、卵形至宽卵形，长1.5～3 cm，宽1～2 cm，先端钝圆或微凹，基部宽楔形，边缘有细锯齿，两面无毛，有时背面边缘被疏毛；托叶斜卵形，先端长渐尖，长1～2.5 cm，宽0.5 cm，有明显的纵脉。花12～20朵密集成头状花序，球形，径1～2 cm，着生于上部叶腋，总花梗长4～8 cm，花柄长2～6 mm，花开放后通常下垂；花萼钟形，长约1.5 mm，萼齿线状披针形，长于萼筒；花冠白色、淡红色、红色或紫红色，长为花萼的2倍；子房线形，花柱稍弯。荚果露出萼外，椭圆形，无毛，含2～4粒种子。花果期6—9月。

3.10.2 原产地和额河片区入侵分布

分布区：杂种车轴草原产于欧洲，世界各温带地区广泛栽培，在中国华北、东北地区也有分布。

当前调查：本次调查共分3次进行，在10个调查点位发现杂种车轴草，分布于富蕴县、阿勒泰市、青河县，共采集标本2份。

3.10.3 生长环境

杂种车轴草性喜温暖湿润气候，适宜在温带、亚寒带地区生长，抗寒性、抗热性强，耐湿性特强；对土壤要求不严，在酸性、碱性土壤中均能生长。

3.10.4 经济价值

杂种车轴草全草有微毒，过量饲喂能使牲畜中毒。例如，马大量食入后，在阳光下皮肤出现水泡、形成痂皮，并伴有大量流涎、黄疸、厌食、疝痛、步态不稳以及癫痫样发作等消化和神经系统症状。有部分人对这种植物异常敏感，接触可产生水泡样皮疹。杂种车轴草也是重要的蜜源植物。

3.11　红车轴草

红车轴草 *Trifolium pratense* L.

分类地位：植物界 Plantae、被子植物门 Angiospermae、木兰纲 Magnoliopsida、豆目 Fabales、豆科 Fabaceae、车轴草属 *Trifolium* L.

英文名：Red clover

俗名：红花车轴草、红三叶

引用来源：《中国外来入侵物种编目》

3.11.1　生物学特征

多年生草本植物，茎高 30～80 cm，有疏毛。叶具 3 小叶；小叶椭圆状卵形至宽椭圆形，长 2.5～4 cm，宽 1～2 cm，先端钝圆，基部圆楔形，叶脉在边缘多少突出成不明显的细齿，下面有长毛；小叶无柄；托叶卵形，先端锐尖。花序腋生，头状，具大型总苞，总苞卵圆形，具纵脉；花萼筒状，萼齿条状披针形，最下面的一枚萼齿较长，有长毛；花冠紫色或淡紫红色。荚果包被于宿存的萼内，倒卵形，小，长约 2 mm，膜质，具纵脉，含种子 1 粒。种子肾形，褐色或黄褐色，有光泽。花果期 6—8 月。

红车轴草

3.11.2 原产地和额河片区入侵分布

分布区：原产于欧洲中部。

当前调查：本次调查共分 3 次进行，在 43 个调查点位发现红车轴草，分布于阿勒泰市、布尔津县、福海县、哈巴河县，共采集标本 2 份。

3.11.3 生长环境

生长于林缘、路边、草地等湿润处。

红车轴草生境照片

3.11.4 经济价值

茎叶为优良的饲草和牧草，也可作绿肥和草坪观赏植物；花序能止咳、平喘、镇痉；国外将全草、花、种子及根等制成软膏、膏药或泡茶饮用，可抗肿瘤等；又为蜜源植物。

3.12 白车轴草

白车轴草 *Trifolium repens* L.

分类地位：植物界 Plantae、被子植物门 Angiospermae、木兰纲 Magnoliopsida、豆目 Fabales、豆科 Fabaceae、车轴草属 *Trifolium* L.

英文名：White clover

俗名：白花车轴草、白三叶、荷兰翘摇、三叶草

引用来源：《中国外来入侵物种编目》

白车轴草

3.12.1 生物学特征

多年生草本植物，高 10 ～ 30 cm。茎匍匐，长 30 ～ 60 cm，无毛，节上生不定根、叶及花序。掌状三出复叶，具长 10 ～ 30 cm 的叶柄；小叶片宽椭圆形、倒卵形至近圆形，长 1 ～ 2 cm，宽 1 ～ 1.5 cm，先端圆或凹陷，基部楔形，边缘有细锯齿，上面具灰绿色“V”形斑，两面几乎无毛；托叶卵状披针形，膜质，抱茎。头状花序由 20 ～ 50（80）朵花密集成球形，径约 2 cm，从匍匐茎伸出，总花梗长 15 ～ 30 cm；花萼针形，萼齿三角状披针形，较萼筒稍短；花冠白色、黄白色或淡粉红色，长 8 ～ 12 mm，旗瓣椭圆形，长于翼瓣；子房线状长圆形，花柱长而稍弯。荚果长圆形，长约 3 mm，包被于膜质长约 1 cm 的宿萼内，含 2 ～ 4 粒种子。种子近圆形，褐色。花果期 5—9 月。

3.12.2 原产地和额河片区入侵分布

分布区：日本、蒙古国、伊朗、印度、欧洲各国有分布，在中国各地均有分布，这种分布的广泛性可能与其根瘤固氮的特性有关，这也可能是白车轴草强入侵性的原因之一。

历史调查：前期在青河县、富蕴县、福海县、阿勒泰市、布尔津县、哈巴河县

白车轴草生境照片

均发现白车轴草。

当前调查：本次调查共分 3 次进行，在 21 个调查点位发现白车轴草，分布于青河县、哈巴河县、富蕴县，共采集标本 4 份。

3.12.3　生长环境

白车轴草喜温暖湿润气候，适应性广，耐酸性强，在 pH 4.5 的土壤仍能生长，除盐碱土外，排水良好的各种土壤均可生长。再生性好，耐践踏，属放牧型牧草。

3.12.4　经济价值

为水土保持的良好植物，又为优良牧草，也可作绿肥；种子含油约 11%；全草供药用，有清热凉血、宁心的功效。

3.13　长柔毛野豌豆

长柔毛野豌豆 *Vicia villosa* Roth

分类地位：植物界 Plantae、被子植物门 Angiospermae、木兰纲 Magnoliopsida、豆目 Fabales、豆科 Fabaceae、野豌豆属 *Vicia* L.

英文名：Hairy vetch

俗名：柔毛著子、毛叶苕子、毛苕子

引用来源：《中国外来入侵植物彩色图鉴》

3.13.1　生物学特征

一年生草本植物，攀援或蔓生，植株被长柔毛，长 30 ～ 150 cm，茎柔软，有棱，多分枝。偶数羽状复叶，叶轴顶端卷须有 2 ～ 3 分枝；托叶披针形或二深裂，呈半边箭头形；小叶通常 5 ～ 10 对，长圆形、披针形至线形，长 1 ～ 3 cm，宽 0.3 ～ 0.7 cm；具花 10 ～ 20 朵，一面向着生于总花序轴上部；花萼斜钟形，长约 0.7 cm，萼齿 5，近锥形，长约 0.4 cm，下面的三枚较长；花冠紫色、淡紫色或紫蓝色，旗瓣长圆形，中部缢缩，长约 0.7 cm，先端微凹；翼瓣短于旗瓣；龙骨瓣短于翼瓣。荚果长圆状菱形，长 2.5 ～ 4 cm，宽 0.7 ～ 1.2 cm，侧扁，先端具喙。种子 2 ～ 8 粒，球形，直径约 0.3 cm，表皮黄褐色至黑褐色。花果期 4—10 月。

长柔毛野豌豆生境照片

3.13.2 原产地和额河片区入侵分布

分布区：原产于欧洲、中亚、伊朗。分布于中国东北、华北、西北、西南等地，中国各地有栽培。

历史调查：前期发现在布尔津县有分布。

当前调查：本次调查共分 3 次进行，在 1 个调查点位发现长柔毛野豌豆，位于布尔津县。

3.13.3 生长环境

生长在海拔 1 720 ～ 1 750 m 的田边。喜凉爽，不耐高温，耐酸、耐盐碱，抗寒、耐旱性较强，不耐潮湿。中国南方宜秋播、北方可春播。

3.13.4 经济价值

本种植物种子可提取植物凝血素应用于免疫学、肿瘤生物学、细胞生物学及发育生物学。该植物通常被用于果园生草或作为一种优质牧草和绿肥。

3.14 火炬树

火炬树 *Rhus typhina* L.

分类地位：植物界 Plantae、被子植物门 Angiospermae、木兰纲 Magnoliopsida、

无患子目 Sapindales、漆树科 Anacardiaceae、盐麸木属 *Rhus* L.

英文名：Torch tree

俗名：鹿角漆、火炬漆、加拿大盐肤木

引用来源：《中国外来入侵植物彩色图鉴》

3.14.1　生物学特征

灌木或小乔木。小枝、叶轴、花序轴皆密被淡褐色绒毛和腺体。奇数羽状复叶互生；小叶 9 ～ 31 对，对生，叶片披针形至披针状椭圆形，长 5 ～ 12 cm，宽 1.5 ～ 3.5 cm，先端渐尖或长渐尖，基部倒心形或近圆形，边缘有锯齿，具疏缘毛，上面无毛或仅沿中脉有短疏毛，下面被疏毛；小叶无柄，叶基部覆盖叶轴。花单性，雌雄异株；顶生圆锥花序密集，长 7 ～ 20 cm，宽 4 ～ 8 cm，苞片密被长柔毛，雌花序变为深红色，形如火炬；雄花萼片具毛；雌花萼片具深红色长柔毛，果期宿存；花瓣早落；子房圆球形，被短毛，花柱 3，柱头头状。核果球形，外面密被深红色长毛和腺点。种子 1 粒。花期 5—7 月，果期 8—9 月。

3.14.2　原产地和额河片区入侵分布

分布区：原产于北美洲，在欧洲、亚洲及大洋洲的许多国家都有分布。1959 年，中国科学院植物研究所北京植物园木本组将火炬树引入我国，经多年试验，于 1974 年向外推广。1980 年，辽西地区引种于荒山上，之后辽宁省其他地区乃至东北地区开

火炬树

火炬树

始引种该物种。

历史调查：前期调查发现在阿勒泰市有分布。

当前调查：阿勒泰市公园绿地、防护绿地有引种栽培。

3.14.3 生长环境

生长于河谷、岸边及沼泽边缘；适应性强，喜光，耐寒；在酸性、中性和石灰性土壤中均可生长，耐干旱瘠薄，耐盐碱；根系发达，萌蘖力极强；生长速度较快。

3.14.4 经济价值

火炬树树皮、叶含有单宁，且含量较高，是制取鞣酸的原料，生产栲胶的优良原料，而且这种栲胶属混合类栲胶，应用领域十分广阔；种子含油蜡，可作工业原料，可制肥皂和蜡烛；果实含有柠檬酸和维生素 C，可作饮料；木材黄色，纹理致密美观，可雕刻制作工艺品。同时火炬树秋叶红艳，果序红色而且形似火炬，冬季在树上宿存，可用于华北、西北等地的干旱瘠薄山区造林绿化、护坡固堤及封滩固沙。

3.15　绿穗苋

绿穗苋 *Amaranthus hybridus* L.

分类地位：植物界 Plantae、被子植物门 Angiospermae、木兰纲 Magnoliopsida、石竹目 Caryophyllales、苋科 Amaranthaceae、苋属 *Amaranthus* L.

英文名：Green amaranth

引用来源：《中国外来入侵植物彩色图鉴》

3.15.1　生物学特征

一年生草本植物，高 30 ～ 50 cm，茎直立，分枝，上部近弯曲，有开展柔毛。叶片卵形或菱状卵形，长 3 ～ 4.5 cm，宽 1.5 ～ 2.5 cm，顶端急尖或微凹，具凸尖，基部楔形；叶柄长 1 ～ 2.5 cm，有柔毛；圆锥花序顶生，细长，上升稍弯曲，有分枝，由穗状花序而成，中间花穗最长，苞片及小苞片钻状披针形，长 3.5 ～ 4 mm，中脉

绿穗苋

坚硬，绿色，向前伸出成尖芒；花被片矩圆状披针形，长约 2 mm，顶端锐尖，具凸尖，中脉绿色；雄蕊略和花被片等长或稍长；柱头 3。胞果卵形，长 2 mm，环状横裂，超出宿存花被片。种子近球形，直径约 1 mm，黑色。花期 7—8 月，果期 9—10 月。

3.15.2 原产地和额河片区入侵分布

分布区：原产于巴基斯坦，在中国分布于华中、华东和西南等地，在欧洲、北美洲、南美洲也有分布。

当前调查：额河片区各县（市）庭院有引种栽培。

3.15.3 生长环境

绿穗苋适应性强，耐盐碱瘠薄，抗旱性强；生长于田边、路旁、水沟边、荒草地或低海拔山坡。

3.15.4 经济价值

绿穗苋具有补气除热、杀虫毒的功效；其营养价值高，是家畜和家禽及鱼的优质青饲料。绿穗苋既可防风固沙，又可保持水土；其植物多糖、植物蛋白、不饱和脂肪酸、膳食纤维及无机盐含量较其他谷物高，是人类理想的食材之一。

3.16 凹头苋

凹头苋 *Amaranthus blitum* L.

分类地位：植物界 Plantae、被子植物门 Angiospermae、木兰纲 Magnoliopsida、石竹目 Caryophyllales、苋科 Amaranthaceae、苋属 *Amaranthus* L.

英文名：Emarginate amaranth

俗名：野苋

引用来源：《生物入侵：中国外来入侵植物图鉴》

3.16.1 生物学特征

一年生草本植物，高 10 ~ 30 cm，全体无毛。茎伏卧而上升，从基部分枝，淡绿色或紫红色。叶片卵形或菱状卵形，长 1.5 ~ 4.5 cm，宽 1 ~ 3 cm，顶端凹缺，有 1 芒尖。花成腋生花簇，生在茎端和枝端者成直立穗状花序或圆锥花序。苞片及

凹头苋

小苞片矩圆形，长不及 1 mm；花被片矩圆形或披针形，长 1.2 ～ 1.5 mm，淡绿色，顶端急尖，边缘内曲，首部有 1 隆起中脉；雄蕊小花被片稍短；胞果扁卵形，长 3 mm，不裂，微皱缩而近平滑，超出宿存花被片。种子环形，黑色至黑褐色，边缘具环状边。花期 7—8 月，果期 8—9 月。

3.16.2　原产地和额河片区入侵分布

分布区：凹头苋原产地为热带非洲，广泛分布于全球泛热带和温带地区。中国除内蒙古、宁夏、青海和西藏外均有归化。

当前调查：本次调查共分 3 次进行，在 6 个调查点位发现凹头苋，分布于阿勒泰市、布尔津县，共采集标本 2 份。

凹头苋生境照片

3.16.3 生长环境

生长于田野、路旁、村庄附近的杂草地、荒地等处。

3.16.4 经济价值

凹头苋分枝多，茎秆细弱，纤维素含量少，为多种畜禽所喜食，为优质牧草；除开发利用天然草场外，可利用盐渍化弃耕地人工撒种补播，建设半人工草场。凹头苋的成熟种子可治疗跌打损伤、骨折肿痛、恶疮肿毒等症，还具有明目、利大小便、祛寒热等功效，鲜根有清热解毒的作用。

3.17 反枝苋

反枝苋 *Amaranthus retroflexus* L.

分类地位：植物界 Plantae、被子植物门 Angiospermae、木兰纲 Magnoliopsida、石竹目 Caryophyllales、苋科 Amaranthaceae、苋属 *Amaranthus* L.

英文名：Redroot amaranth

俗名：野苋菜、西风谷

引用来源：《中国外来入侵物种编目》

3.17.1 生物学特征

一年生草本植物，高 20 ～ 80 cm，有时达 1 m。茎直立，粗壮，单一或分枝，淡绿色，有时具紫色的条纹，稍具钝棱，密生短柔毛。叶片菱状卵形或椭圆状卵形，长 5 ～ 12 cm，宽 2 ～ 5 cm；叶柄长 1.5 ～ 5.5 cm，淡绿色，有时淡紫色，有柔毛。圆锥花序顶生及腋生，直立，直径 2 ～ 4 cm，由多数穗状花序形成，顶生花穗较侧生者长；苞片及小苞片钻形，长

反枝苋

反枝苋

4～6 mm，白色，背面有龙骨状凸起，伸出顶端成白色尖芒，花被片矩圆形或矩圆状倒卵形，长2～2.5 mm，薄膜质，白色，有1淡绿色的细中脉，顶端急尖或尖凹，具凸尖；雄蕊比花被片稍长，柱头3，有时2。胞果扁卵形，长约1.5 mm，环状横裂，薄膜质，淡绿色，包裹在宿存花被片内。种子近球形，直径1 mm，棕色或黑色，边缘钝。花期7—8月，果期8—9月。

3.17.2　原产地和额河片区入侵分布

分布区：原产于美洲热带，已广泛传播并归化于世界各地。中国主要分布在黑龙江、吉林、辽宁、内蒙古、河北、山东、山西、河南、陕西、甘肃、宁夏、新疆等地。

当前调查：本次调查共分3次进行，在20个调查点位发现反枝苋，分布于阿勒泰市、哈巴河县，共采集标本2份。

3.17.3　生长环境

反枝苋适应性强，喜湿润环境，也比较耐旱。多生长于农田、路旁、村庄附近的荒地上。

3.17.4　经济价值

反枝苋作为苋属的重要物种，可以作为食物、饲料及药品加以利用。反枝苋已成功地应用于牛羊饲料中，且效果与苜蓿相差不大。嫩的茎、叶可作蔬菜，全草可入药，具有治疗腹泻和痢疾的功效。

3.18 腋花苋

腋花苋 *Amaranthus graecizans* subsp. *thellungianus* (Nevski ex Vassilcz.) Gusev

分类地位：植物界 Plantae、被子植物门 Angiospermae、木兰纲 Magnoliopsida、石竹目 Caryophyllales、苋科 Amaranthaceae、苋属 *Amaranthus* L.

英文名：Axillary amaranth

俗名：罗氏苋

引用来源：《中国外来入侵植物名录》

3.18.1 生物学特征

一年生草本植物，高 30～65 cm。茎直立，多分枝，淡绿色，全体无毛。叶片菱状卵形、倒卵形或短圆形，长 2～5 cm，宽 1～2.5 cm，顶端微凹，具凸尖，基部楔形，波状缘；叶柄长 1～2.5 cm，纤细。花成腋生短花簇，花数少且疏生；苞片及小苞片钻形，长 2 mm，背面有 1 绿色隆起中脉，顶端具芒尖；花被片披针形，长 2.5 mm，顶端渐尖，具芒尖；雄蕊比花被片短；柱头 3，反曲。胞果卵形，长 3 mm，环状横裂，和宿存花被略等长。种子近球形，直径 1 mm，黑棕色，边缘加厚。花期 7—8 月，果期 8—9 月。

腋花苋

3.18.2 原产地和额河片区入侵分布

分布区：原产于非洲东部至西南亚地区，该种在中国北方地区常见，印度、斯里兰卡、中亚也有。

历史调查：在中国较早的标本于 1931 年采自新疆，1932 年在河南也有采集，之后的标本多见于陕西等西北地区，因此该种可能自中国西北部随人类活动无意带

腋花苋生境照片

入。前期发现布尔津县有腋花苋分布。

当前调查：本次调查共分 3 次进行，在 2 个调查点位发现腋花苋，分别位于富蕴县、吉木乃县，共采集标本 2 份。

3.18.3　生长环境

生长于旷地、农田旁、荒地和村边。

3.18.4　经济价值

腋花苋的叶及汁可作食用色素，其幼嫩茎叶可作蔬菜和饲料。腋花苋还具有水土保持的作用。但是腋花苋多生长于农田，会导致部分蔬菜、棉花、豆类和玉米等作物田受害较重。

3.19　灰绿藜

灰绿藜 *Chenopodium glaucum* L.

分类地位：植物界 Plantae、被子植物门 Angiospermae、木兰纲 Magnoliopsida、

石竹目 Caryophyllales、藜科 Chenopodiaceae、藜属 *Chenopodium* L.

英文名：Oakleaf goosefoot

引用来源：《中国外来入侵植物名录》

3.19.1 生物学特征

一年生草本植物，高 20 ～ 40 cm。茎平卧或外倾，具条棱及绿色或紫红色色条。叶片矩圆状卵形至披针形，长 2 ～ 4 cm，宽 6 ～ 20 mm，肥厚，先端急尖或钝，基部渐狭，边缘具缺刻状牙齿，上面无粉，平滑，下面有粉而呈灰白色，有稍带紫红色；中脉明显，黄绿色；叶柄长 5 ～ 10 mm。花两性或兼有雌性，通常数花聚成团伞花序，再于分枝上排列成有间断而通常短于叶的穗状或圆锥状花序；花被裂片 3 ～ 4，浅绿色，稍肥厚，通常无粉，狭矩圆形或倒卵状披针形，长不及 1 mm，先端通常钝；雄蕊 1 ～ 2，花丝不伸出花被，花药球形；柱头 2，极短。胞果顶端露出于花被外，果皮膜质，黄白色。种子扁球形，直径 0.75 mm，横生、斜生及直立，暗褐色或红褐色，边缘钝，表面有细点纹。花果期 5—10 月。

灰绿藜

灰绿藜

3.19.2　原产地和额河片区入侵分布

分布区：广泛分布于南北半球的温带。中国除台湾、福建、江西、广东、广西、贵州、云南等省（区）外，其他各地都有分布。

历史调查：前期发现在阿勒泰市、福海县有分布。

当前调查：本次调查共分 3 次进行，在 1 个调查点位发现灰绿藜，位于青河县，共采集标本 1 份。

3.19.3　生长环境

生长于农田、菜园、村房、水边等有轻度盐碱化的土壤中。

3.19.4　经济价值

灰绿藜是适应盐碱生境的先锋植物之一。灰绿藜的叶中富含蛋白质，可作为饲料添加剂和人类食品添加剂，盐碱地种植灰绿藜可降低土壤含盐量，增加土壤的有机质，起到明显改良土壤性质的作用；其具有清热、祛湿、解毒、消肿等功效，适用于预防和治疗家畜的发热、咳嗽、腹泻、腹痛、疝气、白癜风等病症；同时其由于价廉、营养成分高，常被养殖户当作饲料喂给猪、牛、羊等家畜。用晾晒后的灰绿藜作青贮饲料可以有效提高饲料的干物质、乙酸和可溶性碳水化合物含量，降低硝酸盐、氨态氮含量，提高动物的干物质采食量和生产性能。

3.20　紫茉莉

紫茉莉 *Mirabilis jalapa* L.

分类地位：植物界 Plantae、被子植物门 Angiospermae、木兰纲 Magnoliopsida、石竹目 Caryophyllales、紫茉莉科 Nyctaginaceae、紫茉莉属 *Mirabilis* L.

英文名：Four-o′clock

俗名：胭脂花、粉豆花、夜饭花

引用来源：《中国外来入侵物种编目》

3.20.1　生物学特征

多年生草本植物，高 50 ～ 100 cm。块根粗壮，肉质，黑色或黑褐色。茎直立，多分枝，圆柱形，无毛或近无毛。节稍膨大。叶片卵形或三角状卵形，长 5 ～ 9 cm，宽 3 ～ 6 cm；柄长 1.5 ～ 4 cm。花 3 ～ 6 朵簇生于枝端；花梗长 1 ～ 2 mm；苞片萼状，钟形，长 3 ～ 10 mm，5 裂，裂片三角状卵形。先端渐尖，无毛，具脉纹，果实宿存，稍增大，花被红色、粉红色、白色或黄色，有时具斑点，高脚碟形，长 3 ～ 5.5 cm，筒部狭管形，缘部直径约 3 cm，5 浅裂；雄蕊 5，小花被稍长或近等长，花药球形；花柱线形，与雄蕊近等长。果实球形，具棱，黑色，长约 7 mm。种子直立；胚乳粉质。花期 7—9 月，果期 8—10 月。

紫茉莉

3.20.2　原产地和额河片区入侵分布

分布区：原产于南美热带地区，18 世纪作为观赏植物引入中国，我国各地均有栽培。

历史调查：前期发现在阿尔泰市有分布。

当前调查：额河片区各县（市）庭院有引种栽培。

紫茉莉

3.20.3　生长环境

性喜温和湿润的气候，不耐寒，冬季地上部分枯死，在江南地区地下部分可安全越冬而成为宿根草花，来年春季续发长出新的植株。露地栽培要求土层深厚、疏松肥沃的壤土，盆栽可用一般花卉培养土。在略有蔽荫处生长更佳。花朵在傍晚至清晨开放，在强光下闭合，夏季能有树荫则生长开花良好，酷暑烈日下往往有脱叶现象。

3.20.4　经济价值

根、叶可供药用，有清热解毒、活血调经和滋补的功效。种子可去面部癍痣、粉刺。

3.21　南方菟丝子

南方菟丝子 *Cuscuta australis* R. Br.

南方菟丝子

分类地位：植物界 Plantae、被子植物门 Angiospermae、木兰纲 Magnoliopsida、茄目 Solanales、旋花科 Convolvulaceae、菟丝子属 *Cuscuta* L.

英文名：Australian dodder

俗名：欧洲菟丝子、女萝、金线藤

引用来源：《中国外来入侵植物名录》

3.21.1 生物学特征

一年生寄生草本植物。茎缠绕，金黄色，纤细，直径 1 mm 左右。无叶。花序侧生；少花或多花簇生成小伞或小团伞花序，总花序梗近无；苞片及小苞片均小，鳞片状；花梗稍粗壮，长 1 ～ 2.5 mm；花萼杯状，基部连合；花冠乳白色或淡黄色，杯状，长约 2 mm，裂片卵形或长圆形，顶端圆，约与花冠管近等长，直立，宿存；雄蕊着生于花冠裂片弯缺处，比花冠裂片稍短；鳞片小，边缘短流苏状；子房扁球形，花柱 2，等长或稍不等长，柱头球形。蒴果扁球形，直径 3 ～ 4 mm，下半部为宿存花冠所包，成熟时不规则开裂，不为周裂。通常有 4 粒种子，淡褐色，卵形，长约 1.5 mm，表面粗糙。

3.21.2 原产地和额河片区入侵分布

分布区：在中国分布于吉林、辽宁、河北、山东、甘肃、宁夏、新疆等地，马来西亚、印度尼西亚以至大洋洲等地均有栽培。

当前调查：本次调查共分 3 次进行，在 7 个调查点位发现南方菟丝子，分布于布尔津县、福海县、富蕴县、哈巴河县，共采集标本 7 份。

3.21.3　生长环境

南方菟丝子喜高温湿润气候，对土壤要求不高，适应性较强。遇到适宜寄主就缠绕在上面，在接触处形成吸根伸入寄主，吸根进入寄主组织后，部分组织分化为导管和筛管，分别与寄主的导管和筛管相连，自寄主吸取养分和水分。南方菟丝子幼芽一旦缠绕于寄主植物体上，生活力极强，生长旺盛，最喜寄生于豆科植物上。

南方菟丝子生境照片

3.21.4　经济价值

南方菟丝子具有滋补肝肾、明目、益精、安胎的功效。

3.22　菟丝子

菟丝子 *Cuscuta chinensis* Lam.

分类地位：植物界 Plantae、被子植物门 Angiospermae、木兰纲 Magnoliopsida、茄目 Solanales、旋花科 Convolvulaceae、菟丝子属 *Cuscuta* L.

英文名：Semen cuscutae

俗名：豆寄生、豆阎王、无根草

引用来源：《中国外来入侵植物名录》

3.22.1 生物学特征

一年生寄生草本植物。茎缠绕，黄色，纤细，直径约 1 mm，无叶。花序侧生，少花或多花簇生成小伞形或小团伞花序，近于无总花序梗；花萼杯状，中部以下连合，裂片三角状，长约 1.5 mm，顶端钝；花冠白色，壶形，长约 3 mm；雄蕊着生于花冠裂片弯缺微下处；鳞片长圆形，边缘长流苏状；子房近球形，花柱 2，等长或不等长，柱头球形。蒴果球形，直径约 3 mm，几乎全为宿存的花冠所包围，成熟时整齐地周裂。种子淡褐色，卵形，长约 1 mm，表面粗糙。

菟丝子

3.22.2 原产地和额河片区入侵分布

分布区：分布于中国及伊朗、阿富汗、日本、朝鲜、斯里兰卡、马达加斯加、澳大利亚。

历史调查：前期调查发现布尔津县、哈巴河县均有分布。

当前调查：本次调查共分 3 次进行，在 65 个调查点位发现菟丝子，分布于阿勒泰市、北屯市、布尔津县、福海县、富蕴县、哈巴河县，共采集标本 4 份。

3.22.3　生长环境

菟丝子喜高温湿润气候，对土壤要求不严，适应性较强。生长于海拔 200 ～ 3000 m 的田边、山坡阳处、路边灌丛或海边沙丘。通常寄生于豆科、菊科、蒺藜科等多种植物上，遇到适宜寄主就缠绕在上面，在接触处形成吸根伸入寄主，吸根进入寄主组织后，部分组织分化为导管和筛管，分别与寄主的导管和筛管相连，自寄主吸取养分和水分。

菟丝子生境照片

3.22.4　经济价值

菟丝子种子可入药，有补肝肾及止泻的功效。

3.23　杯花菟丝子

杯花菟丝子 *Cuscuta approximata* Bab.

分类地位：植物界 Plantae、被子植物门 Angiospermae、木兰纲 Magnoliopsida、茄目 Solanales、旋花科 Convolvulaceae、菟丝子属 *Cuscuta* L.

英文名：Cuscuta cupula

引用来源：《中国外来入侵植物名录》

3.23.1 生物学特征

茎纤细，毛发状，直径不超过 1 mm。花序侧生，少花或通常多花密集成团伞花序，花无柄；花萼杯状，长 2 ～ 2.5 mm，中部或中部以上分裂，裂片覆瓦状排列，近于扁菱形，背部以至顶端肉质增厚，雄蕊着生于花冠喉部，比花冠裂片短，花药卵状圆形，和花丝近等长或稍短；鳞片长圆形，长不达花丝基部，或有时超过花丝基部与花冠筒近等长，顶端钝圆或 2 裂，边缘短流苏状；子房近球形，花柱和柱头与子房近等长或稍长，柱头棒状，有时向下弯曲，长于或等于花柱。蒴果近球形，周裂，包藏在凋存的花冠内。种子卵形，长不及 1 mm。

杯花菟丝子

3.23.2 原产地和额河片区入侵分布

分布区：分布于亚洲西部和南部、欧洲南部和非洲北部。

历史调查：全疆广布。

当前调查：本次调查共分 3 次进行，在 1 个调查点位发现杯花菟丝子，位于布尔津县，共采集标本 1 份。

3.23.3　生长环境

生长于荒地、山坡、山顶，寄生在蒿子、苜蓿等植物上。

3.23.4　经济价值

种子可药用，功效同南方菟丝子，具有滋补肝肾、明目、益精、安胎的功效。

3.24　啤酒花菟丝子

啤酒花菟丝子 *Cusctuta lupuliformis* Krock.

分类地位：植物界 Plantae、被子植物门 Angiospermae、木兰纲 Magnoliopsida、茄目 Solanales、旋花科 Convolvulaceae、菟丝子属 *Cuscuta* L.

英文名：Hop dodder

引用来源：《中国外来入侵植物名录》

啤酒花菟丝子

3.24.1 生物学特征

一年生草本植物。茎粗壮，细绳状，直径达 3 mm，红褐色，具瘤，多分枝，无毛。花无柄或具短柄，淡红色或花谢时近白色，聚集成断续的穗状总状花序；苞片广椭圆形或卵形；花萼长 2 mm，半球形，带绿色，干后褐色，裂片宽卵形或卵形，钝；花冠圆筒状，超出花萼约 1 倍，裂片长圆状卵形，全缘或稍具齿，直立或多少反折，为冠筒的 1/2；雄蕊着生于花冠喉部稍下方，其顶端几达花冠裂片间凹陷处；花药长圆状卵形，花丝无或很短；鳞片广椭圆形或卵形，全缘或 2 裂，有时极退化，沿边缘不等的流苏状；子房近球状或宽卵形，长 7 ～ 9 mm，通常在顶端具凋存的干枯花冠。种子卵形，长 2 ～ 3 mm，具喙，浅棕色或暗棕色，脐线形。花期 7 月，果期 8 月。

3.24.2 原产地和额河片区入侵分布

分布区：分布于中国东北、华北、西北等地，中亚各国、蒙古国也有分布。

历史调查：前期发现阿勒泰市有分布。

当前调查：本次调查共分 3 次进行，在 2 个调查点位发现啤酒花菟丝子，分布于阿勒泰市、富蕴县，共采集标本 2 份。

3.24.3 生长环境

啤酒花菟丝子喜高温湿润气候，对土壤要求不高，适应性较强。啤酒花菟丝子是恶性寄生杂草，本身无根无叶，借特殊器官——吸盘，吸取寄主植物的营养。

3.24.4 经济价值

种子可药用，功效同菟丝子，有补肝肾、益精壮阳及止泻的功能。

3.25 圆叶牵牛

圆叶牵牛 *Ipomoea purpurea* (L.) Roth.

分类地位：植物界 Plantae、被子植物门 Angiospermae、木兰纲 Magnoliopsida、茄目 Solanales、旋花科 Convolvulaceae、番薯属 *Ipomoea* L.

英文名：Common morming glory

俗名：牵牛花、喇叭花、紫花牵牛

引用来源：《中国外来入侵物种编目》

3.25.1　生物学特征

一年生缠绕草本植物，茎上被倒向的短柔毛，杂有倒向或开展的长硬毛。叶圆形或宽卵状心形，长 4 ～ 18 cm，宽 3.5 ～ 16.5 cm，基部圆，心形，顶端锐尖、骤尖或渐尖，通常全缘，偶有 3 裂，两面疏或密被刚伏毛；叶柄长 2 ～ 12 cm，毛被与茎同。花腋生，单一或 2 ～ 5 朵着生于花序梗顶端成伞形聚伞花序，花序梗比叶柄短或近等长，长 4 ～ 12 cm，毛被与茎相同；苞片线形，长 6 ～ 7 mm，被开展的长硬毛；花梗长 1.2 ～ 1.5 cm，被倒向短柔毛及长硬毛；萼片近等长，长 1.1 ～ 1.6 cm，外面 3 片长椭圆形，渐尖，内面 2 片线状披针形，外面均被开展的硬毛，基部更密；花冠漏斗状，长 4 ～ 6 cm，紫红色、红色或白色，花冠管通常白色，瓣中带于内面色深外面色淡；雄蕊与花柱内藏；雄蕊不等长，花丝基部被柔毛；子房无毛，3 室，每室 2 胚珠，柱头头状；花盘环状。蒴果近球形，直径 9 ～ 10 mm，3 瓣裂。种子卵状三棱形，长约 5 mm，黑褐色或米黄色，被极短的糠状毛。

圆叶牵牛

3.25.2　原产地和额河片区入侵分布

分布区：圆叶牵牛原产于中美洲，自 17 世纪传播至欧洲以来，逐渐被世界各地引进，现已适应热带和温带等绝大部分地区的环境。1890 年起我国已有引入栽培圆叶牵牛的记录，现已广泛分布于我国各地区。

历史调查：前期发现在阿勒泰市有分布。

当前调查：额河片区各县（市）庭院有引种栽培。

3.25.3 生长环境

生长在平地至海拔 2 800 m 的田边、路边、宅旁或山谷林内。性喜温暖、湿润、阳光充足的环境。对土壤无严格要求，微酸性至微碱性土壤都可生长。

3.25.4 经济价值

圆叶牵牛生长茂盛，花色艳丽，在园林中多作为垂直绿化的良好材料，多植于篱垣或攀作荫棚，种子入药，有泻下利水、消肿散积的功效。

3.26 曼陀罗

曼陀罗 *Datura stramonium* L.

分类地位：植物界 Plantae、被子植物门 Angiospermae、木兰纲 Magnoliopsida、茄目 Solanales、茄科 Solanaceae、曼陀罗属 *Datura* L.

英文名：Common thorn apple

俗名：野麻子、醉心花（江苏）、枫茄花（上海）、狗核桃（云南）、万桃花（福建）、洋金花（山东）、闹羊花（广东）、赛斯哈塔肯（维吾尔语）、沙斯哈多那（哈萨克语）、土木特张姑（蒙古语）

引用来源：《生物入侵：中国外来入侵植物图鉴》

3.26.1 生物学特征

草本或半灌木状草本植物，高 0.5 ～ 1.5 m，全体近于平滑或在幼嫩部分被短柔

曼陀罗

曼陀罗

毛。茎粗壮，圆柱状，淡绿色或带紫色，下部木质化。叶广卵形，顶端渐尖，基部不对称楔形，边缘有不规则波状浅裂。花单生于枝杈间或叶腋，直立，有短梗；花萼筒状，长 4 ～ 5 cm，筒部有 5 棱角；花冠漏斗状，下半部带绿色，上部白色或淡紫色；雄蕊不伸出花冠，花丝长约 3 cm，花药长约 4 mm；子房密生柔针毛，花柱长约 6 cm。蒴果直立生，卵状，长 3 ～ 4.5 cm，直径 2 ～ 4 cm，表面有坚硬针刺或无刺而近光滑，成熟后淡黄色。种子卵圆形，稍扁，长约 4 mm，黑色。花期 6—8 月，果期 7—8 月。

3.26.2　原产地和额河片区入侵分布

分布区：曼陀罗广布于世界各大洲，中国各地都有分布。

历史调查：前期调查发现在布尔津县有分布。

当前调查：本次调查共分 3 次进行，在 3 个调查点位发现曼陀罗，均位于阿勒泰市，共采集标本 1 份。

3.26.3　生长环境

常生长于村边、住宅旁、路边或草地上，适应性较强，喜温暖、湿润、向阳环境，怕涝，对土壤要求不严格，一般土壤均可种植，但以富含腐殖质和石灰质的土壤为好。

3.26.4 经济价值

曼陀罗花期长，花大，枝叶扶疏，花形美观，香味浓烈，具有很高的观赏价值。曼陀罗全株有毒，含莨菪碱，有镇痉、镇静、镇痛、麻醉的功能，同时曼陀罗提取物对心衰、室性心律失常、心绞痛、高血压危急患者均具有较好的疗效。种子油可制肥皂及掺和油漆用。

曼陀罗生境照片

3.27 蓍

蓍 *Achillea millefolium* L.

分类地位：植物界 Plantae、被子植物门 Angiospermae、木兰纲 Magnoliopsida、菊目 Asterales、菊科 Asteraceae、蓍属 *Achillea* L.

英文名：Common yarrow

俗名：千叶蓍、欧蓍、锯草

引用来源：《中国外来入侵植物名录》

3.27.1 生物学特征

多年生草本植物，具细的匍匐根茎。茎直立，高 40 ～ 100 cm，有细条纹，通常被白色长柔毛，上部分枝或不分枝，中部以上叶腋常有缩短的不育枝。叶无柄，披针形、矩圆状披针形或近条形，长 5 ～ 7 cm，宽 1 ～ 1.5 cm，二至三回羽状全裂，叶轴宽 1.5 ～ 2 mm。头状花序多数，密集成直径 2 ～ 6 cm 的复伞房状；总苞矩圆形或近卵形，长约 4 mm，宽约 3 mm，疏生柔毛；总苞片 3 层，覆瓦状排列，椭圆形至矩圆形，长 1.5 ～ 3 mm，宽 1 ～ 1.3 mm，背中间绿色，中脉凸起，边缘膜质，棕色或淡黄色；托片矩圆状椭圆形，膜质，背面散生黄色闪亮的腺点，上部被短柔毛。边花 5 朵；舌片近圆形，白色、粉红色或淡紫红色，长 1.5 ～ 3 mm，宽 2 ～ 2.5 mm，顶端 2 ～ 3 齿；盘花两性，管状，黄色，长 2.2 ～ 3 mm，5 齿裂，外面具腺点。瘦果矩圆形，长约 2 mm，淡绿色，有淡白色狭边肋，无冠状冠毛。花果期 7—9 月。

3.27.2 原产地和额河片区入侵分布

分布区：原产于亚洲和欧洲。

历史调查：前期调查发现阿勒泰市、布尔津县、青河县有分布。

蓍

当前调查：本次调查共分 3 次进行，在 94 个调查点位发现蓍，分布于阿勒泰市、布尔津县、富蕴县、哈巴河县、吉木乃县，共采集标本 14 份。

3.27.3 生长环境

常生长在湿草地、荒地、林缘、路旁、屋边及山坡向阳处。喜阳光充足的环境，也耐半阴，耐寒性强，喜温暖、湿润。

蓍生境照片

3.27.4 经济价值

茎叶含芳香油，可作调香原料。全草含挥发油，其中花蕾含量最高。全草可入药，有清热解毒、消肿的作用，也可用于治疗头痛、肠炎、痢疾等症。

3.28 鬼针草

鬼针草 *Bidens pilosa* L.

分类地位：植物界 Plantae、被子植物门 Angiospermae、木兰纲 Magnoliopsida、

菊目 Asterales、菊科 Asteraceae、鬼针草属 *Bidens* L.

英文名：Sticktight

俗名：三叶鬼针草、一包针、金盏银盘

引用来源：《中国外来入侵植物彩色图鉴》

3.28.1　生物学特征

一年生草本植物，茎直立，高 30 ～ 100 cm，钝四棱形，无毛或上部被极稀疏的柔毛，基部直径可达 6 mm。茎下部叶较小，3 裂或不分裂，通常在开花前枯萎，中部叶具长 1.5 ～ 5 cm 无翅的柄，两侧小叶椭圆形或卵状椭圆形，长 2 ～ 4.5 cm，宽 1.5 ～ 2.5 cm，上部叶小，3 裂或不分裂，条状披针形。头状花序，直径 8 ～ 9 mm。总苞基部被短柔毛，苞片 7 ～ 8 枚，条状匙形，无舌状花，盘花筒状，长约 4.5 mm，冠檐 5 齿裂。瘦果黑色，条形，略扁，具棱，长 7 ～ 13 mm，宽约 1 mm，上部具稀疏瘤状凸起及刚毛，顶端芒刺 3 ～ 4 枚，长 1.5 ～ 2.5 mm，具倒刺毛。花果期 8—10 月。

3.28.2　原产地和额河片区入侵分布

分布区：原产于中国华东、华中、华南、西南各地区，广布于亚洲和美洲的热

鬼针草

带和亚热带地区。

当前调查：本次调查共分 3 次进行，在 5 个调查点位发现鬼针草，分布于哈巴河县。

3.28.3 生长环境

喜生长于温暖湿润气候区，以疏松肥沃、富含腐殖质的砂质壤土及黏壤土为宜，生长于村旁、路边及荒地中。

3.28.4 经济价值

鬼针草为中国民间常用草药，全草均可入药，具有清热、解毒、散瘀、消肿等功效，民间常用它治疗肠炎、痢疾等疾病。近年发现，该药对血压具有良好的双向调节作用。

鬼针草生境照片

3.29 大狼耙草

大狼耙草 *Bidens frondosa* L.

分类地位：植物界 Plantae、被子植物门 Angiospermae、木兰纲 Magnoliopsida、菊目 Asterales、菊科 Asteraceae、鬼针草属 *Bidens* L.

英文名：Three-lobe beggar-ticks

俗名：鬼叉、鬼针、鬼刺

引用来源：《中国外来入侵植物名录》

3.29.1 生物学特征

一年生草本植物。植株高 30 ～ 120 cm。茎直立，无毛，绿色或带紫色，上部分枝或有时自基部分枝。叶对生，叶柄有狭翅，中部叶通常具羽状 3 ～ 5 裂，顶裂片较大，椭圆形或长椭圆状披针形，边缘有锯齿；上部叶 3 深裂或不裂。头状花序，顶生或腋生，直径 1 ～ 3 cm。总苞盘状，外总苞片 5 ～ 9 枚，狭披针形或匙状倒披针形，叶状，长 1 ～ 3 cm，内总苞片长椭圆形或卵状披针形，膜质，长 6 ～ 9 mm。托片线状披针形，长 6 ～ 9 mm。无舌状花；管状花长 4 ～ 5 mm，顶端 4 裂。瘦果，扁平，倒卵状楔形，两侧边缘各有一列倒刺毛，长 6 ～ 11 mm，顶端芒刺通常 2 枚，极少为 3 ～ 4 枚，具倒钩刺。花果期 8—10 月。

3.29.2　原产地和额河片区入侵分布

分布区：分布于中国东北、华北、华东、华中、西南及陕西、甘肃、青海、新疆等地，欧洲、非洲、大洋洲也有分布。

历史调查：前期发现阿勒泰市、布尔津县有分布。

当前调查：本次调查共分 3 次进行，在布尔津县、哈巴河县发现大狼把草，共采集标本 4 份。

3.29.3　生长环境

生长在路边荒野及水边湿地。

大狼耙草生境照片

3.29.4　经济价值

大狼耙草全草可入药，有清热解毒、养阴益肺、止血等功能，同时可作饲料。

3.30 矢车菊

矢车菊 *Centaurea cyanus* L.

分类地位：植物界 Plantae、被子植物门 Angiospermae、木兰纲 Magnoliopsida、菊目 Asterales、菊科 Asteraceae、矢车菊属 *Centaurea* L.

英文名：Cornflower

俗名：蓝芙蓉、翠兰、蓝花矢车菊、车轮花

引用来源：《中国外来入侵植物名录》

3.30.1 生物学特征

一年生或二年生草本植物，高 30 ～ 70 cm 或更高，直立，从茎的中部开始分枝，全部茎枝灰白色，被薄蛛丝状卷毛。基生叶及下部茎叶呈椭圆状倒披针形或披针形，中部茎叶线形、宽线形或线状披针形，长 4 ～ 9 cm，宽 4 ～ 8 mm，顶端渐尖，基部楔状，无叶柄，边缘全缘无锯齿，上部茎叶与中部茎叶同形，但渐小。全部茎叶两面异色或近异色，上面绿色或灰绿色，被稀疏蛛丝毛或脱毛，下面灰白色，被薄绒毛。头状花序多数或少数在茎枝顶端排成伞房花序或圆锥花序。总苞椭圆状，直径

矢车菊

1～1.5 cm，有稀疏蛛丝毛。总苞片约 7 层，全部总苞片由外向内呈椭圆形、长椭圆形。边花增大，超长于中央盘花，前端有浅裂，蓝色、白色、红色或紫色，檐部 5～8 裂，盘花浅蓝色或红色。瘦果椭圆形，长 3 mm，宽 1.5 mm，有细条纹，被稀疏的白色柔毛。花期 4—5 月。

3.30.2　原产地和额河片区入侵分布

分布区：原产于欧洲东南部，主要分布于地中海地区及亚洲西南部地区、北美等，中国主要在新疆、青海、甘肃、陕西、河北、山东、江苏、湖北、广东及西藏等各地的公园、花园及校园普遍栽培。

当前调查：本次调查共分 3 次进行，在 9 个调查点位发现矢车菊，分布于富蕴县，共采集标本 6 份。

3.30.3　生长环境

矢车菊的适应性较强，喜阳光充足，不耐阴湿，较耐寒，喜冷凉，忌炎热，须栽在阳光充足、排水良好的地方，否则会因阴湿而死亡。喜肥沃、疏松和排水良好的沙质土壤。

矢车菊生境照片

3.30.4 经济价值

矢车菊既是一种观赏植物，也是一种良好的蜜源植物；边花可以利尿，全草浸出液可以明目；瘦果含油率 28%。

3.31 菊苣

菊苣 *Cichorium intybus* L.

分类地位：植物界 Plantae、被子植物门 Angiospermae、木兰纲 Magnoliopsida、菊目 Asterales、菊科 Asteraceae、菊苣属 *Cichorium* L.

英文名：Witloof

俗名：蓝菊、苦菜、蓝花菊苣

引用来源：《中国外来入侵物种编目》

菊苣

3.31.1 生物学特征

多年生草本植物，高 40～100 cm。茎直立，单生，分枝开展或极开展，全部茎枝绿色，有条棱，被极稀疏的长而弯曲的糙毛或刚毛或几无毛。基生叶莲座状，倒披针状长椭圆形，茎生叶少数，较小，卵状倒披针形至披针形，无柄，基部圆形或戟形扩大半抱茎。全部叶质地薄，两面被稀疏的多细胞长节毛，但叶脉及边缘的毛较多。头状花序多数，单生或数个集生于茎顶或枝端。总苞圆柱状，长 8 ～ 12 mm；总苞片 2 层，外层披针形，内层总苞片线状披针形。舌状小花蓝色，长约 14 mm，有色斑。瘦果倒卵状、椭圆状或倒楔形，花果期 5—10 月。

3.31.2　原产地和额河片区入侵分布

分布区：原产于欧洲及我国西北、东北及华北各地。

历史调查：前期在福海县、阿勒泰市发现有菊苣的分布。

当前调查：本次调查共分 3 次进行，在 20 个调查点位发现菊苣，分布于阿勒泰市、哈巴河县、吉木乃县，共采集标本 10 份。

3.31.3　生长环境

生长于滨海荒地、河边、水沟边或山坡。

3.31.4　经济价值

菊苣叶可调制生菜，根含有菊糖及芳香族物质，可提制代用咖啡，促进人体消化器官活动。

菊苣生境照片

3.32 秋英

秋英 *Cosmos bipinnatus* Cav.

分类地位：植物界 Plantae、被子植物门 Angiospermae、双子叶植物纲 Dicotyledoneae、菊目 Asterales、菊科 Asteraceae、秋英属 *Cosmos* Cav.

英文名：Cosmos

俗名：大波斯菊、波斯菊

引用来源：《中国外来入侵物种编目》

3.32.1 生物学特征

一年生或多年生草本植物，高 1 ～ 2 m。根纺锤状，多须根，或近茎基部有不定根。茎无毛或稍被柔毛。叶二次羽状深裂，裂片线形或丝状线形。头状花序单生，径 3 ～ 6 cm；花序梗长 6 ～ 18 cm。总苞片外层披针形或线状披针形，近革质，淡绿色，具深紫色条纹，上端长狭尖，最内层与内层等长，长 10 ～ 15 mm；内层椭圆状卵形，膜质。托片平展，上端成丝状，与瘦果近等长。舌状花紫红色、粉红色或白色；舌

秋英

片椭圆状倒卵形，长 2 ～ 3 cm，宽 1.2 ～ 1.8 cm，有 3 ～ 5 钝齿；管状花黄色，长 6 ～ 8 mm，管部短，上部圆柱形，有披针状裂片；花柱具短突尖的附器。瘦果黑紫色，长 8 ～ 12 mm，无毛，上端具长喙，有 2 ～ 3 尖刺。花期 6—8 月，果期 9—10 月。

3.32.2　原产地和额河片区入侵分布

分布区：原产于墨西哥，后在欧洲大陆落地生根。在中国栽培甚广，在海拔 500 ～ 1 500 m 的云南西南、南部常见秋英归化种。

当前调查：本次调查共分 3 次进行，在 1 个调查点位发现秋英，位于青河县。

3.32.3　生长环境

秋英为喜光植物，耐贫瘠土壤，忌肥，忌炎热，忌积水，对夏季高温不适应，不耐寒，需疏松和排水良好的壤土。在路旁、田埂、溪岸常自生。

3.32.4　经济价值

秋英的花可食，榨汁，用于各种菜肴或糕饼之中。花序、种子或全草入药，能

秋英生境照片

清热解毒，明目化湿。其株形高大，叶形雅致，花色丰富，有粉、白、深红等色，适于栽植绿化。

3.33 屋根草

屋根草 *Crepis tectorum* L.

分类地位：植物界 Plantae、被子植物门 Angiospermae、双子叶植物纲 Dicotyledoneae、菊目 Asterales、菊科 Asteraceae、还阳参属 *Crepis* L.

英文名：House root grass

引用来源：《中国外来入侵植物名录》

3.33.1 生物学特征

一年生或二年生草本植物，根长倒圆锥状，生多数须根。茎直立，高 30 ～ 90 cm，基部直径 2 ～ 5 mm，自基部或自中部伞房花序状或伞房圆锥花序状分枝，分枝多数，斜生，极少自上部少分枝，全部茎枝被白色的蛛丝状短柔毛，上部粗糙，被稀疏的头状具柄的短腺毛或被淡白色的小刺毛。头状花序多数或少数，在茎枝顶端排成伞房花序或伞房圆锥花序。总苞钟状，长 7.5 ～ 8.5 mm；总苞片 3 ～ 4 层，外层及最外层短，不等长，线形，长 2 mm，宽不足 0.2 mm，顶端急尖，内层及最内层，等长，长 7.5 ～ 8.5 mm，长椭圆状披针形，顶端渐尖，边缘白色膜质，内面被贴伏的短糙毛；全部总苞片外面被稀疏的蛛丝状毛及头状具柄的长或短腺毛。舌状小花黄色，花冠管外面被白色短柔毛。瘦果纺锤形，长 3 mm，向顶端渐狭，顶端无喙，有 10 条等粗的纵肋，沿肋有指上的小刺毛。冠毛白色，长 4 mm。花果期 7—10 月。

屋根草

3.33.2　原产地和额河片区入侵分布

分布区：蒙古国的北部、西伯利亚、远东和欧洲都有分布。在我国分布于东北三省和内蒙古自治区等。

历史调查：前期在富蕴县、阿勒泰市、哈巴河县、布尔津县、福海县发现有分布。

当前调查：本次调查共分 3 次进行，在 2 个调查点位发现屋根草，均位于青河县，共采集标本 2 份。

3.33.3　生长环境

生长于 900 ～ 1 800 m 的山地林缘、河谷草地、田间或撂荒地。

3.33.4　经济价值

屋根草全草可入药，具有清热解毒的功效。

3.34　小蓬草

小蓬草 *Erigeron canadensis* L.

分类地位：植物界 Plantae、被子植物门 Angiospermae、木兰纲 Magnoliopsida、菊目 Asterales、菊科 Asteraceae、飞蓬属 *Erigeron* L.

英文名：Conyza canadensis

俗名：加拿大飞蓬、小飞蓬、小白酒草

引用来源：《中国外来入侵植物彩色图鉴》

3.34.1　生物学特征

一年生草本植物，瘦果线状披针形，被贴微毛；冠毛污白色，5—9 月开花。花托平，雌花多数，舌状，白色，舌片小，稍超出花盘，线形，两性花淡黄色，花冠管状，总苞近圆柱状，总苞片呈淡绿色，线状披针形或线形，头状的花序数量多且密集，花序较小，花序梗细，基部叶花期常见枯萎，下部叶呈倒披针形，近无柄或无柄，茎呈圆柱状，枝叶茂密，根呈纺锤状，茎直立，植高可达 100 cm 或更高。

小蓬草

3.34.2 原产地和额河片区入侵分布

分布区：原产于北美洲。

历史调查：前期在阿勒泰市、布尔津县、北屯市发现有分布。

当前调查：本次调查共分 3 次进行，在 53 个调查点位发现小蓬草，分布于阿勒泰市、布尔津县、福海县、富蕴县、哈巴河县、吉木乃县，共采集标本 15 份。

3.34.3 生长环境

常生长于海拔 30 ～ 200 m 的旷野、荒地、田边和路旁，为一种常见的杂草。

3.34.4 经济价值

小蓬草嫩茎、叶可作猪饲料。全草入药可消炎止血、祛风湿，治血尿、水肿、肝炎、胆囊炎、小儿头疮等症。据文献记载，北美洲用作治痢疾、腹泻、创伤以及驱蠕虫；中欧常用新鲜的植株作止血药，但其液汁和捣碎的叶有刺激皮肤的作用。

小蓬草生境照片

3.35　菊芋

菊芋 *Helianthus tuberosus* L.

分类地位：植物界 Plantae、被子植物门 Angiospermae、双子叶植物纲 Dicotyledoneae、菊目 Asterales、菊科 Asteraceae、向日葵属 *Helianthus* L.

英文名：Jerusalem artichore

俗名：五星草、洋羌、番羌

引用来源：《中国外来入侵物种编目》

3.35.1　生物学特征

多年生草本植物，高 1 ～ 3 m，有块状的地下茎及纤维状根。茎直立，有分枝，被白色短糙毛或刚毛。叶通常对生，有叶柄，但上部叶互生；下部叶卵圆形或卵状椭圆形，有长柄，长 10 ～ 16 cm，宽 3 ～ 6 cm，基部宽楔形或圆形，有时呈微心形；头状花序较大，少数或多数，单生于枝端，有 1 ～ 2 个线状披针形的苞叶，直立，

菊芋根茎

径 2 ～ 5 cm，总苞片多层，披针形，长 14 ～ 17 mm、宽 2 ～ 3 mm，顶端长渐尖，背面被短伏毛，边缘被开展的缘毛；托片长圆形，长 8 mm，背面有肋、上端不等三浅裂。舌状花通常 12 ～ 20 枚，舌片黄色，开展，长椭圆形，长 1.7 ～ 3 cm；管状，花冠黄色，长 6 mm；瘦果小，楔形，上端有 2 ～ 4 个有毛的锥状扁芒。花期 8—9 月。

3.35.2 原产地和额河片区入侵分布

分布区：原产于北美洲，经欧洲传入中国，现中国大多数地区有栽培。新疆各地也多有栽培。

当前调查：额河片区各县（市）庭院有引种栽培。

3.35.3 生长环境

耐瘠薄，对土壤要求不高，除酸性土壤、沼泽不宜种植外，其他一些不宜种植平常作物的土地，如路旁、村庄附近的荒地、潮湿的河流岸边等都可生长。

菊芋生境照片

3.35.4　经济价值

菊芋块茎可供食用；还可制菊糖及酒精，菊糖可供糖尿病患者服用；在园林中常配植于花坛或丛植供观赏。同时因其块茎产量高、富含淀粉等多聚物，发酵后可产生乙醇，是规模化生产燃料乙醇和生物基化学品的原料，被认为是最具潜力的生物能源作物之一。菊芋具有抗旱耐寒耐盐碱、防风固沙等重要作用，在干旱、冷凉、土壤瘠薄和盐碱化的西部地区种植，可有效改良土壤，生态价值较高。

3.36 野莴苣

野莴苣 *Lactuca serriola* L.

分类地位：植物界 Plantae、被子植物门 Angiospermae、木兰纲 Magnoliopsida、菊目 Asterales、菊科 Asteraceae、莴苣属 *Lactuca* L.

英文名：Wild lettuce

俗名：锯齿莴苣、银齿莴苣、毒莴苣、刺莴苣、阿尔泰莴苣

引用来源：《中国外来入侵植物名录》

3.36.1 生物学特征

一年生草本植物，高 50 ～ 80 cm。茎单生，直立，无毛或有时有白色茎刺，上部圆锥状花序分枝或自基部分枝。中下部茎叶倒披针或长椭圆形，长 3 ～ 7.5 cm，宽 1 ～ 4.5 cm，倒向羽状或羽状浅裂、半裂或深裂，最下部茎叶及接圆锥花序下部的叶与中下部茎叶同形或披针形、线状披针形或线形，全部叶或裂片边缘有细齿或刺齿或细刺或全缘，下面沿中脉有刺毛，刺毛黄色。头状花序多数，在茎枝顶端排成圆锥状花序。总苞果期卵球形，长 1.2 cm，宽约 6 mm；总苞片约 5 层，外层及最外层小，中内层披针形，全部总苞片顶端急尖，外面

野莴苣

无毛。舌状小花 15 ～ 25 枚，黄色。瘦果倒披针形，长 3.5 mm，宽 1.3 mm，压扁，浅褐色。冠毛白色，微锯齿状，长 6 mm。花果期 6—8 月。

3.36.2　原产地和额河片区入侵分布

分布区：欧洲、俄罗斯（欧洲部分、西伯利亚）、高加索、伊朗、哈萨克斯坦、乌兹别克斯坦、印度北部及蒙古国有分布。我国各地也有分布。

当前调查：本次调查共分 3 次进行，在 148 个调查点位发现野莴苣，分布于北屯市、布尔津县、富蕴县、吉木乃县，共采集标本 27 份。

3.36.3　生长环境

生长于海拔 450 m 左右的路旁、荒草滩。

野莴苣生境照片

3.36.4　经济价值

野莴苣具有清热解毒、消肿散结的功效，植株可作饲料。

3.37 药用蒲公英

药用蒲公英 *Taraxacum officinale* F. H. Wigg.

分类地位： 植物界 Plantae、被子植物门 Angiospermae、双子叶植物纲 Dicotyledoneae、菊目 Asterales、菊科 Asteraceae、蒲公英属 *Taraxacum* Wigg.

英文名： Common dandelion

引用来源：《中国外来入侵植物彩色图鉴》

3.37.1 生物学特征

根颈部密被黑褐色残存叶基。叶狭倒卵形、长椭圆形，稀少倒披针形，长 4 ～ 20 cm，宽 10 ～ 65 mm，大头羽状深裂或羽状浅裂，稀不裂而具波状齿，顶端裂片三角形或长三角形，全缘或具齿，先端急尖或圆钝，每侧裂片 4 ～ 7 片，裂片三角形至三角状线形，全缘或具齿，裂片先端急尖或渐尖，裂片间常有小齿或小裂片，叶基有时显红紫色，无毛或沿主脉被稀疏的蛛丝状短柔毛。花葶多数，高 5 ～ 40 cm，长于叶，顶端被丰富的蛛丝状毛，基部常显红紫色；头状花序直径 25 ～ 40 mm；总苞宽钟状，长 13 ～ 25 mm，总苞片绿色；外层总苞片宽披针形至披针形，长 4 ～ 10 mm，宽 1.5 ～ 3.5 mm，反卷；内层总苞片长为外层总苞片的 1.5 倍；舌状花亮黄色，花冠喉部及舌片下部的背面密生短柔毛，舌片长 7 ～ 8 mm，宽 1 ～ 1.5 mm，基部筒长 3 ～ 4 mm，边缘花舌片背面有紫色条纹，柱头暗黄色。瘦果浅黄褐色，长 3 ～ 4 mm；冠毛白色，长 6 ～ 8 mm。花果期 6—8 月。

药用蒲公英

药用蒲公英生境照片

3.37.2　原产地和额河片区入侵分布

分布区：药用蒲公英原产于希腊、喜马拉雅山北部，在亚洲、欧洲、北美洲都有分布，我国各地都有分布，广布于全疆各地。

当前调查：本次调查共分 3 次进行，在 1 个调查点位发现药用蒲公英，位于富蕴县，共采集标本 1 份。

3.37.3　生长环境

生长于海拔 700 ～ 2 200 m 的低山草原、森林草甸或田间路边。

3.37.4　经济价值

药用蒲公英嫩叶、花、根部等都有很高的药用价值，具有利尿、消肿散结、清热解毒、祛斑等功效。

3.38　蒙古苍耳

蒙古苍耳 *Xanthium mongolicum* Kitagawa

分类地位：植物界 Plantae、被子植物门 Angiospermae、木兰纲 Magnoliopsida、菊目 Asterales、菊科 Asteraceae、苍耳属 *Xanthium* L.

英文名：Mongolian cocklebur

引用来源：《中国外来入侵植物名录》

3.38.1　生物学特征

蒙古苍耳

一年生草本植物，高 0.6 ～ 1.2 m。茎直立，坚硬，圆柱形，分枝，有纵沟，被短糙伏毛。叶片宽卵状三角形或心形，长 5 ～ 9 cm，宽 4 ～ 8 cm，3 ～ 5 浅裂，顶端钝或尖，基部心形，与叶柄连接处成相等的楔形，边缘有不规则的粗锯齿，具三基出脉，叶脉两面微凸，密被糙伏毛，侧脉弧形而直达叶缘，上面绿色，下面苍白色，叶柄长 4 ～ 9 cm。具瘦果的总苞成熟时变坚硬，椭圆形，绿色，或黄褐色，连喙长 18 ～ 21 mm，宽 8 ～ 10 mm，两端稍缩小成宽楔形，顶端具 1 个或 2 个锥状的喙，喙直而粗，锐尖，外面具较疏的总苞刺，刺长 3 ～ 5 mm，直立，向上部渐狭，基部增粗，直径约 1 mm，顶端具细倒钩，中部以下被柔毛或腺毛，上端无毛。

3.38.2　原产地和额河片区入侵分布

分布区：蒙古苍耳产于内蒙古、黑龙江、河北、辽宁、山东等地。2000 年后其分布区已经扩展到甘肃、河南、安徽、湖北、江西、江苏、浙江、福建、贵州、广东等地。目前，该种分布区很窄，数量很少，呈零星分布，不成片，未形成规模与优势。

历史调查：2011 年，分别在温宿科克其乡、昌吉三工镇、阿勒泰 181 团 3 营等地发现少量蒙古苍耳。

当前调查：本次调查共分 3 次进行，在 15 个调查点位发现蒙古苍耳，分布于阿勒泰市、布尔津县、富蕴县，共采集标本 16 份。

3.38.3　生长环境

生长于干旱山坡或砂质荒地。

蒙古苍耳生境照片

3.38.4　经济价值

可用于治疗头痛、外感风寒、麻疹、鼻窦炎、风湿痹痛、皮肤湿疹等。

3.39　意大利苍耳

意大利苍耳 *Xanthium orientale* subsp. *italicum* (Moretti) Greuter

分类地位：植物界 Plantae、被子植物门 Angiospermae、双子叶植物纲

Dicotyledoneae、菊目 Asterales、菊科 Asteraceae、苍耳属 *Xanthium* L.

英文名：Italian cocklebur

引用来源：《生物入侵：中国外来入侵植物图鉴》

3.39.1 生物学特征

一年生草本植物，植物体高可达 200 cm。茎直立，粗壮，基部木质化，有棱，常多分枝，粗糙具毛，有紫色条形斑点。单叶互生，叶片三角状卵形至宽卵形，长可达 15 cm，宽可达 14 cm，3 ～ 5 浅裂，有 3 条主脉，边缘具不规则的齿或裂，两面被短硬毛，叶柄长可达 18 cm。头状花序单性同株，雄花序球形直径约 5 mm，生于雌花序的上方，雌花序具 2 花，总苞结果时长圆形，长 20 ～ 30 mm，直径 12 ～ 18 mm，外面特化成长 4 ～ 7mm 的倒钩刺，刺中下部被白色透明的刚毛和短腺毛。

意大利苍耳

3.39.2 原产地和额河片区入侵分布

分布区：意大利苍耳原产地为北美洲，结实量大，单株可高达 6 000 颗左右，因其果实总苞密生倒钩刺，故近距离传播主要通过黏附于动物（牛、羊等）体毛上随动物的迁徙、移动进行蔓延，远距离传播主要通过人类有意识的或无意识的剧烈而频繁的活动进行扩散。现全球各地广布。我国境内于 1991 年 9 月首次在北京发现；2006 年 9 月在新疆温泉县农区路边发现；2008 年 6 月在博乐市市郊的路边发现并观察到其种群已发展到一定数量；2011 年在新疆多个地区均有发现。

历史调查：前期有学者调查发现意大利苍耳分布于阿勒泰市、吉木乃县。

意大利苍耳生境照片

当前调查：本次调查共分 3 次进行，在 90 个调查点位发现意大利苍耳，分别位于阿勒泰市、北屯市、福海县、哈巴河县、吉木乃县，共采集标本 41 份。

3.39.3 生长环境

意大利苍耳喜光但耐阴性差，在干扰严重的地区常呈现一定面积的成片分布。夜间温度高于 35℃时，能明显抑制花芽形成，土壤溶液 pH 在 5.2 ～ 8.0 都耐受，并可长期忍受盐碱以及频繁的水涝环境。

3.39.4 经济价值

意大利苍耳叶的提取物具有抗菌、抗细胞毒性和抑制癌生长活性的作用。意大利苍耳植株纤维含量非常高，晒干后可作为燃料，可用于蜂窝煤的替代能源；种子含油量较高，且富含亚麻酸，能够吸附铅等重金属，可以用来治理工业污染土壤；果实化学成分和中国境内苍耳类似，可以用来治疗鼻炎，提取物开发为植物源杀虫剂。

3.40 刺苍耳

刺苍耳 *Xanthium spinosum* L.

分类地位：植物界 Plantae、被子植物门 Angiospermae、木兰纲 Magnoliopsida、菊目 Asterales、菊科 Asteraceae、苍耳属 *Xanthium* L.

英文名：Spiny cocklebur

引用来源：《中国外来入侵物种编目》

3.40.1 生物学特征

刺苍耳植株有微毒，株高 40～120 cm，茎直立，上部多分枝，节上具三叉状棘刺。叶狭卵状披针形或阔披针形，长 3 ～ 8 cm，宽 6 ～ 30 mm，边缘（3 ～ 5 mm）浅裂或不裂，全缘，中间裂片较长，长渐尖，基部楔形，下延至柄，背面密被灰白色毛。叶柄细，长 5 ～ 15 mm，被绒毛。花单性，雌雄同株。雄花序球状，生于上部，总苞片一层，雄花管状，顶端裂，雄蕊 5。雌花序卵形，生于雄花序下部，总苞囊状，长 8 ～ 14 mm，具钩刺，先端具 2 喙，内有 2 朵无花冠的花，花柱线形，柱头 2 深裂。总苞内有 2 个长椭圆形瘦果。花期 8— 9 月，果期 9— 10 月。

刺苍耳

3.40.2　原产地和额河片区入侵分布

历史调查：1932 年在河南省郸城县首次发现野生归化种，于 2006 年 8 月在伊犁新源克热格塔斯路边发现刺苍耳，2007 年夏季相继在巩留、特克斯、昭苏、霍城等地发现刺苍耳。2011 年在石河子 143 团场、昌吉市南郊也发现了该植物。

刺苍耳生境照片

当前调查：本次调查共分 3 次进行，在 2 个调查点位发现刺苍耳，均位于阿勒泰市，共采集标本 3 份。这是首次在额尔齐斯河流域发现刺苍耳。

3.40.3　生长环境

主要生长于潮湿或季节性潮湿的碱性土壤、

刺苍耳生境照片

荒地、农业用地边缘。

3.40.4 经济价值

刺苍耳是世界上广泛蔓延的恶性杂草。其植株可作为营养品、草药食品补充剂、辅助治疗急性或慢性炎症性疾病的药物；其种子油可用于生产甲酯，有望被用作一种更绿色、更清洁和可持续的生物柴油；刺苍耳可作为一种廉价、高效的吸附剂，从水溶液中去除结晶紫染料；全株有微毒，其植株分离出的活性化合物，可作天然除草剂。

第四章

额尔齐斯河流域水生生态系统外来物种

4.1 东方欧鳊

东方欧鳊 *Abramis brama orientalis*（Linnaeus, 1758）

分类地位：脊索动物门 Chordata、鱼纲 Pisces、鲤形目 Cypriniformes、鲤科 Cyprinidae、欧鳊属 *Abramis*

英文名：European bream

俗名：鳊鱼

4.1.1 生物学特征

东方欧鳊 1

体较长且显著侧扁，呈卵圆形，尤其是成年个体。这是鳊鱼属最显著的特征之一。头部相对较小，口端位（位于头部前端），略向下倾斜。吻部钝圆。眼睛相对较大。全身覆盖较大的圆鳞，排列紧密。侧线完全，沿体侧中央延伸。体背通常为青灰色或灰褐色，体侧和腹部为银白色。各鳍颜色较深，通常为灰色或灰黑色。背鳍高，鳍条不分支。臀鳍非常长，这是其显著特征。胸鳍较长，末端可达或超过腹鳍起点。腹鳍位于胸鳍与臀鳍起点之间。尾鳍深分叉，下叶常略长于上叶。

4.1.2 原产地和额河片区入侵分布

分布区：东方欧鳊原分布于欧洲比利牛斯山脉以东、阿尔卑斯山脉以北、巴尔干半岛、爱尔兰北部、黑海、亚速海、波罗的海、白海和巴伦支海东部等水域[1]，1959—1964 年向额尔齐斯河下游的波赫塔尔明斯柯水库移殖 3 800 尾，到 1967 年形成群体，继而溯河而上进入我国额尔齐斯河和伊犁河，1968 年被移殖到乌伦古湖，1971 年“引额济海渠道”修建后，从额尔齐斯河大量进入乌伦古湖。在 20 世

1 谢从新，郭焱，李云峰，等. 新疆跨境河流水生态环境与渔业资源调查：额尔齐斯河. 北京：科学出版社，2021.

纪七八十年代形成捕捞产量，并成为额尔齐斯河河道中产量最高的经济鱼类。

历史调查：2015—2018 年，刘春池等[1]对额尔齐斯河流域鱼类群落组成展开调查发现，东方欧鳊分布于可可托海镇、富蕴县、185 团和哈巴河县。

当前调查：本次调查共分 3 次进行，发现东方欧鳊野外定殖点位 13 处，捕获实体共计 173 尾，同时在调查中发现东方欧鳊在福海县乌伦古湖、哈巴河县额尔齐斯河出现。

4.1.3　栖息地环境

东方欧鳊属广温性的大型经济鱼类，栖息于水体中上层，喜集群，生长适温为 17 ～ 24℃。耐盐、耐碱能力强。实地调研中我们发现东方欧鳊分布海拔为 412 ～ 477 m，实测水体 pH 为 7.03 ～ 7.47。产卵水温为 12 ～ 24℃，卵黏性。喜欢栖息在河流、湖泊的缓流或静水处。在湖水矿化度为 0.42 ～ 3.43 g/L、pH 8.5 ～ 9.0 的各水域中都能生长和繁殖。也耐低氧，水中溶氧量在 0.5 mg/L 时，仍然存活。生殖期产卵场在湖湾港汊水草茂盛的浅水处或注入水的河口一带僻静处。孵化的幼鱼在沿岸带水草中栖息摄食；成鱼在靠近岸边一带栖息摄食；夏季分散，冬季成群在深水处越冬。

东方欧鳊栖息地

1　刘春池，牛建功，刘鸿，等 . 额尔齐斯河流域鱼类群落结构及外来鱼类分布 . 水产学杂志，2021，34（1）：46-53.

4.1.4 经济价值

据1983年调查，1982年东方欧鳊的年产量占河道中经济鱼类产量的84.0%～94.0%[1]，1999年调查东方欧编的产量占80.1%。目前，东方欧鳊广泛分布于新疆的额尔齐斯河、伊犁河、乌伦古湖、博斯腾湖、乔什哈力湖、柴窝堡湖和红雁池水库等水体，成为新疆的主要经济鱼类之一[2]，并相继引种到全国各地。自1972年起陆续移殖到吉力湖（1972—1973年）、福海水库（1975—1977年）、阿苇滩水库（1979年）和塘巴湖水库（1980年）等，目前已成为这些水体自繁、自生的主体经济鱼类。因此我们认为东方欧鳊是一种优良品质的鱼类，特别适合于我国西北地区鱼类区系较简单的大型水库、湖泊中移殖驯化，前景广阔。

东方欧鳊 2

东方欧鳊 3

4.2 梭鲈

梭鲈 *Lucioperca lucioperca*（Linnaeus，1758）

---

1 姜涛，姚晓玲，周培之，等．伊犁河、额尔齐斯河两水域中东方欧鳊的几个生化指标的比较研究．新疆大学学报（自然科学版），1989（1）：86-91.

2 谢从新，郭焱，李云峰，等．新疆跨境河流水生态环境与渔业资源调查：额尔齐斯河．北京：科学出版社，2021.

分类地位：脊索动物门 Chordata、鱼纲 Pisces、鲈形目 Perciformes、鲈科 Percidae、梭鲈属 *Lucioperca*

英文名：Pikeperch

俗名：牙鱼

梭鲈 1

4.2.1　生物学特征

体延长，稍侧扁，呈梭形。头小，吻尖。口端位，略倾斜。上下颌、犁骨与腭骨均具绒毛状细齿，上下颌及腭骨尚有大犬齿。鳃部生有锐利的小刺。体被栉鳞，颊部无鳞或仅上部具鳞。背鳍较长，分为前后两部分，第一背鳍第 3 ～ 6 鳍棘最长，第二背鳍第 1、2 根鳍条最长。腹鳍在胸部稍后于胸鳍。背侧灰绿色。成鱼具 12 或 13 条褐色横斑。背鳍具黑色纵斑。

4.2.2　原产地和额河片区入侵分布

分布区：梭鲈原分布于欧洲咸海、黑海、里海及波罗的海水系的河流、湖泊及等盐线在 7‰～ 9‰范围的海区，已成为欧洲很多国家的养殖对象。中国新疆最早于 1960 年从俄罗斯引进梭鲈至伊犁河—巴尔喀什湖水系及额尔齐斯河水系，1985 年发现梭鲈已由中俄界湖兴凯湖进入黑龙江流域。1993 年以来，梭鲈已先后被移殖到山东、湖北、北京、天津等多个省（市）。

历史调查：刘春池等[1]在 2015—2018 年对额尔齐斯河流域鱼类群落结构进行调查时发现梭鲈在额尔齐斯河流域多处水系水体中均有发现，且重量百分比较大。

当前调查：本次调查分 3 次进行，共发现点位 5 处，15 尾梭鲈。

1　刘春池，牛建功，刘鸿，等 . 额尔齐斯河流域鱼类群落结构及外来鱼类分布 . 水产学杂志，2021，34（1）：46-53.

梭鲈 2

4.2.3 栖息地环境

梭鲈的生活环境要求水质清新，透明度高且有微流水，对溶解氧的要求较高，通常不到溶氧低的水域活动。因此，梭鲈对水中溶氧的要求比一般鲤科鱼类高。pH 变化于 7.4 ～ 8.2。

梭鲈栖息地

4.2.4 经济价值及危害

梭鲈肌肉厚实，味道鲜美，口感好。其含肉率高，人体必需的磷、钙等微量元素和肌肉蛋白质含量较高。组成蛋白质的氨基酸总量、必需氨基酸的质和量也较高，其中必需氨基酸的含量与鸡蛋蛋白质标准相当，明显高于 WHO/FAO 标准。其蛋白质含量超过 21.03%，比鳜（17.56%）高，5 种致鲜氨基酸含量为 9.31%，高于虹鳟（9.11%），食用效果好于鳜。

但梭鲈属于凶猛肉食性鱼类，成鱼以其他小型鱼类为食。当水体中梭鲈大面积繁殖后，会挤占本土鱼种生存空间，抢夺本土鱼种资源，最终可能导致本土鱼种灭绝。

4.3 泥鳅

泥鳅 *Misgurnus anguillicaudatus*（Cantor，1842）

分类地位：脊索动物门 Chordata、鱼纲 Pisces、鲤形目 Cypriniformes、鳅科 Cobitidae、泥鳅属 *Misgurnus*

英文名：Loach

俗名：鳅鱼

4.3.1 生物学特征

体细长，前段略呈圆筒形。后部侧扁，腹部圆，头小、口小、口下位，马蹄形。眼小，无眼下刺。须 5 对。鳞极其细小，圆形，埋于皮下。体背部及两侧灰黑色，全体有许多小的黑斑点，头部和各鳍上也有许多黑色斑点，背鳍和尾鳍膜上的斑点排列成行，尾柄基部有一明显的黑斑。其他各鳍灰白色。最大个体达 300 mm。

泥鳅 1

4.3.2 原产地和额河片区入侵分布

分布区：泥鳅广泛分布于俄罗斯以及亚洲沿海的中国、日本、朝鲜、印度等国。

历史调查：2015—2018 年，刘春池等[1] 在对额尔齐斯河流域开展鱼类结构调查时发现泥鳅主要分布在布尔津县。

当前调查：本次调查共分 3 次进行，共在 9 个点位发现泥鳅 51 尾。

1　刘春池，牛建功，刘鸿，等 . 额尔齐斯河流域鱼类群落结构及外来鱼类分布 . 水产学杂志，2021，34（1）：46-53.

4.3.3 栖息地环境

泥鳅为底栖鱼类，主要栖息于静水或缓和流水域的淤泥底层，喜中性或偏酸性的黏性土壤，适宜的生活水温为 10 ～ 32℃，最适水温为 22 ～ 28℃；当水温在 10℃以下或 30℃以上时，泥鳅活动明显减弱；水温低于 5℃或高于 35℃以上时，泥鳅就潜入泥中停止活动。

泥鳅栖息地

4.3.4 经济价值及危害

《本草纲目》记载泥鳅“暖中益气，醒酒，解消渴”，活体可以入药，性味甘，性平，具有补中益气、益肾暖脾、除湿退黄、祛湿止泻、止虚汗等功效，可用于脾虚泄泻、消渴、小儿盗汗水肿、小便不利、痔疮、皮肤瘙痒等。近年来，泥鳅养殖在中国各地迅速发展，是效益高、前景较好、可助力脱贫致富的项目之一。

泥鳅食性杂，性成熟快，所以其在野外适应能力强，在生存空间和食物资源上与土著鱼类产生激烈竞争，导致土著鱼类资源衰退。

泥鳅 2

4.4　大鳞副泥鳅

大鳞副泥鳅 *Paramisgurnus dabryanus*（Sauvage，1878）

分类地位：脊索动物门 Chordata、鱼纲 Pisces、鲤形目 Cypriniformes、鳅科 Cobitidae、副泥鳅属 *Paramisgurnus*

英文名：Pond loach

俗名：大泥鳅

4.4.1　生物学特征

体长形，侧扁，腹部圆，尾柄具发达皮质棱，延伸至背鳍与臀鳍基部；头短锥形，吻钝，口下位呈马蹄形，具 5 对长须（吻须 2 对、口角须 1 对、颏须 2 对），口角须可达鳃盖后缘。体被细小圆鳞，埋于皮下，肉眼观似薄纱覆盖；侧线不完全，纵列鳞 98 ～ 130 枚，头部无鳞。背鳍短而平截，胸鳍雌圆雄尖（性别二态性标志）；体背灰褐色，腹侧黄白色，体侧散布不规则黑斑，各鳍具深色细点。

大鳞副泥鳅 1

大鳞副泥鳅 2

4.4.2 原产地和额河片区入侵分布

分布区：大鳞副泥鳅原产于中国，是中国特有种，分布于中国黑龙江、辽河中下游，海河水系，黄河、长江中下游，浙江、台湾、闽江水系。

当前调查：本次调查共分 3 次进行，在 8 处调查点发现 18 尾。

4.4.3 栖息地环境

底泥较深的湖边、池塘、稻田、水沟等浅水水域。生活水温 10 ～ 30℃，最适水温为 25 ～ 27℃，故应属温水鱼类。当水温升高至 30℃时，大鳞副泥鳅即潜入泥中度夏。一般多为夜间摄食。水温 10℃以下、30℃以上即停止摄食。

4.4.4 经济价值及危害

作为经济养殖鱼类引进，其营养价值高，但种群数量不多，引入后因为其食性杂，适应能力强，会和本土鳅类竞争资源，挤占本土鳅类生存空间，导致本土鳅类灭绝。

大鳞副泥鳅栖息地

4.5 麦穗鱼

麦穗鱼 *Pseudorasbora parva*（Temminck & Schlegel, 1846）

分类地位：脊索动物门 Chordata、硬骨鱼纲 Pisces、鲤形目 Cypriniformes、鲤科 Cyprinidae、麦穗鱼属 *Pseudorasbora*

英文名：Topmouth gudgeon

俗名：尖嘴仔、罗汉鱼、草生子、混姑郎、肉柱鱼、饭俩子、柳条鱼[1]

麦穗鱼 1

4.5.1 生物学特征

体延长，稍侧扁，呈纺锤形。头小，稍尖，头背部略平扁。口小，略尖，口上位，略呈“一”字形。唇较薄，下唇不分叶。眼大，眼间较平扁。鳃耙细小，排列稀疏。咽齿较细，末端呈钩状。鳞片较大。侧线完全。背鳍无硬刺，背鳍起点稍前于腹鳍起点。臀鳍无硬刺，起点距腹鳍起点较尾鳍基部为近。肛门靠近臀鳍起点。胸鳍短小。尾鳍叉形，上下叶末端较圆。体背及两侧为淡青灰色，腹部呈白色，各鳍灰色，体侧鳞片后缘具新月形暗斑。在繁殖期，雌鱼产卵管稍延长，雄鱼体色深且在吻部与眼下有白色珠星出现。

4.5.2 原产地和额河片区入侵分布

分布区：麦穗鱼原产于中国，是我国除青藏高原和新疆等地区外的常见种，广泛分布于湖泊、江河、水库等区域。额尔齐斯河水系的出现系近年来移殖南方家鱼放养时，无意中带入的。目前，在额尔齐斯河一些附属水体中，如哈巴河渔场、阿苇滩水库、塘巴湖水库以及布尔津托洪台水库均有分布，并能产卵繁殖和生存。

1 https://www.iucnredlist.org/species/166136/156742842.

麦穗鱼 2

当前调查：本次调查共分 3 次进行，野外调查发现麦穗鱼点位 25 处，捕获实体共计 992 尾，发现麦穗鱼于福海县乌伦古河干流各流域、额尔齐斯河干流，零星分布于克兰河、布尔津河和哈巴河。

4.5.3 栖息地环境

麦穗鱼属于中上层小型鱼类，喜在湖泊、水库等水流较平缓的静水区活动。

麦穗鱼栖息地

4.5.4 经济价值及危害

麦穗鱼是小型野杂鱼类，无经济价值[1]。

1　任慕莲，郭焱，张人铭，等．中国额尔齐斯河鱼类资源及渔业．乌鲁木齐：新疆科技卫生出版社，2002.

4.6　棒花鱼

棒花鱼 *Abbottina rivularis*（Basilewsky, 1855）

分类地位：脊索动物门 Chordata、鱼纲 Pisces、鲤形目 Cypriniformes、鲤科 Cyprinidae、棒花鱼属 *Abbottina*

英文名：Chinese false gudgeon, Amur false gudgeon

俗名：爬虎鱼、沙锤、花里棒子

棒花鱼 1

4.6.1　生物学特征

体长，较圆。头较大，头高与头宽几乎相等。口下位，口裂呈马蹄形，上唇具皱褶，下层发达，分 3 叶，两侧叶膨大光滑，中叶中央具一缺刻，形似左右两小叶。口角须 1 对，较短。吻较长，吻上端于两舞孔前下凹，成明显的梯状。眼中等大，侧上位。

体被圆鳞。侧线完全、平直，体侧鳞片具黑色边缘。

棒花鱼 2

背鳍起点位于体中稍前，第 2 分支鳍条最长。胸鳍胸位，较低，扇形，后延不达腹鳍。腹鳍基起点稍后于背鳍基起点，腹鳍基距肛门较臀鳍基距肛门为近。尾鳍叉形，上叶稍长于下叶。

背部及体侧灰褐色，体侧中部沿侧线具 7 个灰褐色斑块，近腹部白色。各鳍条上均具有灰色斑条。尾鳍基起点与尾柄接合处有一明显的大黑点。

4.6.2 原产地和额河片区入侵分布

分布区：棒花鱼原产于中国，为中国平原区系复合体的小型鱼类，遍布除西藏、新疆等以外的各水系。棒花鱼系随着移殖放养鱼类被带入新疆的各大河流。伊犁河水系、额尔齐斯河水系、博斯腾湖均有分布。棒花鱼在额尔齐斯河仅在哈巴河县渔场的渠道有分布。

当前调查：本次调查共分 3 次进行，野外调查发现棒花鱼点位 9 处，捕获实体共计 62 尾，发现棒花鱼于哈巴河县以及乌伦古河干流。

4.6.3 栖息地环境

棒花鱼为中下层鱼类，多生活于河沟、渠沟、湖泊等缓水处。棒花鱼对底质有特定偏好，通常栖息于砂石底处，而不生活在泥底的水域中。虽然能在较浑浊的水中生存，但更偏好水质较清澈的环境，它们会在沙底掘坑为巢，产卵其中。在繁殖季节，它们会游到岸边浅滩的水草丛中追逐产卵。棒花鱼的栖息地选择与其繁殖行为密切相关，雄鱼具有筑巢和护巢的习性，会在沙底挖掘巢穴（直径 12 ～ 43 cm，深 8 ～ 34 cm）用于产卵，并具有护巢习性。由于适应性强，它们在我国大部分淡水水系中均有分布，但在污染严重或底质恶化的水域数量会减少。

棒花鱼栖息地

4.6.4　经济价值及危害

棒花鱼虽然属于小型淡水鱼类，但也有一些经济价值，主要体现在食用、观赏和生态等方面。在食用价值方面，棒花鱼肉质细嫩，蛋白质含量高，其肌肉粗蛋白质含量为 16.82%，肌肉中测出 18 种氨基酸，总量为 14.05%，必需氨基酸总量为 5.87%，占氨基酸总量的 41.48%，必需氨基酸构成符合 FAO/WHO 对于膳食蛋白质营养评价理想模式，4 种鲜味氨基酸（谷氨酸、天冬氨酸等）占比 34.66%，使其味道鲜美[1]。

棒花鱼体色独特，雄鱼在繁殖期呈现鲜艳的棕黄色、紫红色斑纹，适合作为水族箱中的观赏鱼。相较于入侵物种清道夫鱼，棒花鱼更环保，可作为鱼缸清洁鱼。

作为底层杂食性鱼类，棒花鱼摄食有机碎屑、浮游生物等，以底栖无脊椎动物、虾、昆虫幼虫等为主食，有助于控制这些生物的数量，防止其过度繁殖对水体环境造成破坏，有助于维持水体生态平衡。

4.7　鲫

鲫 *Carassius auratus*（Linnaeus, 1758）

分类地位：脊索动物门 Chordata、硬骨鱼纲 Pisces、鲤形目 Cypriniformes、鲤科 Cyprinidae、鲫属 *Carassius*

英文名：Goldfish

俗名：土鲫、鲫仔

4.7.1　生物学特征

体侧扁，纺锤形，头较小，体高明显大于头长。口端位，弧形，口裂小，口裂宽大于口裂长，口裂后缘不达眼前缘。眼大，外鳃耙长而密，内缌耙较短。鳃盖膜与峡部相连，下咽齿柱状，尾柄长稍小于尾柄高。

背鳍基起点稍前于腹鳍基起点（个别相对），第 3 根硬刺最长，后缘锯齿状；胸鳍低，胸位，扇形，后缘不达腹鳍。腹鳍腹位，后延不达肛门。臀鳍小，硬刺后缘亦为锯齿状。尾鳍叉形，上叶略长于下叶。体被圆鳞，鳞片较大，侧线明显，侧线鳞一般为 28 ～ 32 枚。

野生鲫鱼通常为银灰色或青褐色，背部颜色较深，腹部浅黄或银白色；人工培

1　姜巨峰，韩现芹，傅志茹，等. 棒花鱼肌肉主要营养成分分析. 河北渔业，2011（10）：1-3，16.

育品种（如金鱼）颜色多变（红色、黄色、白色、黑色等），环境变化可导致体色改变。

鲫 1

4.7.2 原产地和额河片区入侵分布

鲫 2

分布区：鲫原产于中国，广泛分布于除青藏高原以外的江河、湖泊、池塘等淡水水域，包括黄河流域、长江流域等地区。产自额尔齐斯河的银鲫称为额河银鲫[1]，额尔齐斯河其他鲫类为外来种。

鲫在中国自然分布于大多数淡水水体，尤其在黄河流域、长江流域、珠江流域等地区较为常见。由于鲫鱼适应性强，已被引入欧洲、日本、东南亚等地的淡水水域。鲫鱼因其极强的适应性和经济价值，已成为全球广泛分布的淡水鱼种，但其核心原产地仍是中国。

当前调查：本次调查共分 3 次进行，野外调查发现鲫点位 14 处，捕获实体共计 259 尾，发现鲫于布尔津县、富蕴县以及乌伦古河干流。

4.7.3 栖息地环境

鲫鱼能适应多种水体环境，包括河流、湖泊、池塘和水库等。栖息的环境类型多样，例如水流缓慢的浅水河湾，水草丛生的湖汊，静水池塘的腐殖质底泥和水库的浅滩等。由于鲫是广温性鱼类，适应水温范围较广，最佳活动温度是 15 ～ 25℃，此时摄食活动旺盛，通常在靠近岸边浅水区（0.5 ～ 1.5 m）觅食；即使在 0℃的冬季也可存活，会游向深水区避寒，聚集在深水区（3 ～ 4 m）或向阳避风的区域；在夏季水温超过 30℃时，会躲进深水区（2 ～ 3 m）或水草荫蔽处。鲫会根据季节

1　薛达元，等. 新疆额尔齐斯河、塔里木河、乌伦古湖水生生物物种资源调查与研究. 北京：中国环境出版社，2014.

鲫栖息地

调整栖息地。

鲫偏好有复杂性结构的水域。如淤泥底或腐殖质丰富的区域，沉积着大量有机碎屑、水生昆虫和微生物，是其主要觅食区之一；此外，水深 1 ～ 2 m 的缓坡地带食物丰富，也是鲫鱼经常光顾的觅食区；芦苇、水花生等挺水植物与明水交界处既能提供掩护又方便摄食，是其理想觅食点。芦苇、蒲草丛是鲫理想的藏身和产卵场所。

4.7.4　经济价值及危害

鲫鱼作为我国重要的淡水经济鱼类，具有全方位的经济价值。在食用价值方面，其蛋白质含量高，含有人体必需的 16 种氨基酸，脂肪含量相对较低，每 100 g 鲫鱼肉中粗脂肪含量通常在 0.7 g 左右，适合需要控制脂肪摄入的人群食用。富含矿物质 K、Na、Ca、Mg、P 及 Fe、Zn、Se，为优质的高钾低钠膳食来源。人体必需氨基酸含量占氨基酸总量的 37.54% 以上，鲜味氨基酸占 40.51% ～ 41.04%，谷氨酸含量为最高[1]。

1　张志华，张达娟，李泽利，等．于桥水库 4 种经济鱼类肌肉营养成分分析与评价．饲料工业，2024，45（16）：92-98.

鲫鱼在我国年消费量超过 100 万 t，占淡水鱼消费总量的 15% 左右。在生态方面，鲫鱼摄食水体中的有机碎屑，可控制水体中藻类过度繁殖，净化水质。此外，鲫是多种水鸟的主要食物，是水生生态系统的重要组成部分。

4.8 鲤

鲤 *Cyprinus carpio*

分类地位：脊索动物门 Chordata、鱼纲 Pisces、鲤形目 Cypriniformes、鲤科 Cyprinidae、鲤属 *Cyprinus*

英文名：Common carp

俗名：鲤拐子

4.8.1 生物学特征

鲤

体纺锤形，长 110～543 mm，侧扁；口亚下位，呈马蹄形；须 2 对，下咽齿 3 行，呈圆锥形，臼齿形；侧线完全；腹部圆，头较小；体背灰黑或黄褐色，体侧带金黄色，腹部银白色或浅灰色；背鳍和尾鳍基部微黑，尾鳍下叶红色，偶鳍和臀鳍淡红色，但色彩常因栖息水体不同而有变异。

4.8.2 原产地和额河片区入侵分布

分布区：鲤主要原产中国，除中国西北高原的少数地区外，在各水系均有分布。亚洲的其他国家和欧洲的自然水体也均有分布。

历史调查：2015—2018 年，对额尔齐斯河流域鱼类群落组成展开调查，调查中发现，鲤分布于富蕴县、185 团和哈巴河县[1]。

1　谢丛新，等 . 新疆跨境河流水生态环境与渔业资源调查：额尔齐斯河 . 北京：科学出版社，2021.

当前调查：本次调查共分 3 次进行，捕获实体共计 152 尾，主要采集于富蕴县乌伦古河、哈巴河县额尔齐斯河。

4.8.3 栖息地环境

鲤栖息于河川中下游、湖沼、水库等水流静止的水域底层。为淡水中下层鱼类，杂食，尤其喜好营养丰富、底层或水草繁盛的水域。对生存环境适应性很强，性情温和，活泼而善跳跃，生命力旺盛，既耐寒耐缺氧，又较耐盐碱，在含盐量小于 7 g/L 的咸水中生长良好，最适宜含盐量为 1 ～ 4 g/L。最适宜的水温在 20 ～ 32℃，最适宜繁殖的水温为 22 ～ 28℃。最适宜生长的 pH 是 7.5 ～ 8.5。额尔齐斯河鲤在 5 月中旬，水温为 17℃以上即开始产卵繁殖。5 月底至 6 月中旬是额尔齐斯河鲤的主要繁殖期。

4.8.4 经济价值

鲤鱼自 20 世纪 30 年代引入苏联斋桑泊后，20 世纪 50 年代就已形成捕捞群体，由于斋桑泊离我国边境近 60 km，每到繁殖季节，部分鲤鱼沿河而上进入我国河道，成为我国额尔齐斯河的主要捕捞鱼类。20 世纪 60 年代初，年产量曾达 200 t 之多。20 世纪 80 年代后产量大幅下降，1999 年年产量不到 500 kg。当地养殖者将鲤鱼引入湖泊及水库，成为主要捕捞鱼类之一，并且已作为池塘养殖的主要品种。额尔齐斯河流域鲤鱼生长快，个体较大，肥满度较高，其市场价比池塘养殖的鲤鱼高出 2 ～ 3 倍。

4.9 小黄黝鱼

小黄黝鱼 *Micropercops swinhonis*

分类地位：脊索动物门 Chordata、鱼纲 Pisces、鲈形目 Perciformes、沙塘鳢科 Odontobutidae、黄黝鱼属 *Hypseleotris*

英文名：Little yellow croaker

俗名：黄肚鱼

4.9.1 生物学特征

体小，身长形且侧扁，背部稍隆起，成年体长普遍不超过 4 cm。头较大且侧扁，吻短而钝。前、后鼻孔分开，前鼻孔近吻端，后鼻孔位于眼前方。眼较大，眼径约等于吻长。口大，近端位，斜裂，口裂末端可达眼前缘下方；下颌略长于上颌，上下颌均具细齿。具2个分离背鳍。第一背鳍短小，由鳍棘组成；第二背鳍基底较长，与臀鳍相对。胸鳍宽大且末端超过腹鳍后缘。腹鳍胸位，左右分离不愈合，末端不达肛门。尾鳍不分叉，圆形或长圆形，短于头长。背部灰褐色至深褐色，腹部灰白色，体侧具10多条暗色横带，成对排列。背鳍、尾鳍具黑色小点或横纹，臀鳍暗灰色，胸鳍和腹鳍灰白色。雄鱼发情期尾柄下方出现血红色斑纹，体侧黑色条纹更鲜艳，头部增大且钝圆。雌鱼色泽暗淡，头部较小且尖，成熟后腹部丰满，便于产卵。

小黄黝鱼

4.9.2 原产地和额河片区入侵分布

分布区：小黄黝鱼原产于我国东部地区，陕西黄河水系亦有分布。小黄黝鱼广泛分布于我国东中部、东南部、西南部各大小河流、水库、湖泊等。在华中、华东、华北及东北等地区的水系中数量较多。由于半个多世纪前的广泛引种，小黄黝鱼已经成为我国西南云贵高原及西北蒙新高原湖泊的典型入侵种，并逐步向青藏高原区域 扩散。

历史调查：2013—2016年赵亚辉等在额尔齐斯河流域和乌伦古河调查发现了小黄黝鱼，但在外来鱼类中并不占主要地位[1]。

当前调查：本次调查共分3次进行，捕获实体共计17尾，主要采集于福海县乌伦古河。

4.9.3 栖息地环境

小黄黝鱼为淡水小型底栖鱼类，常成群生活于河溪、池塘、湖沼的浅水水域

1 李雪健，贾佩尧，牛诚祎，等.新疆阿勒泰地区额尔齐斯河和乌伦古河流域鱼类多样性演变和流域健康评价.生物多样性，2020，28（4）：422-434.

的中下层及入湖溪流的水草丛中，喜潜伏于水底，喜欢生活在静止或者水流缓慢的水域。

4.9.4　经济价值

小黄黝鱼很少被食用，经济价值较低。

4.10　池沼公鱼

池沼公鱼 *Hypomesus olidus*

分类地位：脊索动物门 Chordata、鱼纲 Pisces、鲑形目 Salmoniformes、胡瓜鱼科 Osmeridae、公鱼属 *Hypomesus*

英文名：Pond smelt

俗名：黄瓜鱼、公鱼

4.10.1　生物学特征

体细长，侧扁，尾柄很细；头小，吻尖；口大，口端上位，前位并斜裂；下颌略长于上颌，上颌骨宽而短；上下颌、犁骨、颚骨及舌上均具有绒毛状齿；眼较大，鳃盖骨片薄而柔韧，鳃盖膜不与峡部相连；体被大薄鳞，侧线不明显；背鳍较高；腹鳍末端游离，呈屈指状；胸鳍小；尾鳍分叉很深。背部呈草绿色，略带黄色；体侧银白色。鳞片边缘有暗色小斑；各鳍为灰黑色。最大体高位于背鳍前端最高位，背鳍与腹鳍相对，位于体中部。

4.10.2　原产地和额河片区入侵分布

分布区：在我国主要分布于东北地区的鸭绿江、大洋河、图们江及黑龙江等水域。1989 年 4 月新疆维吾尔自治区水产科学研究所通过吉林省水产科学研究所从辽宁水丰水库引入池沼公鱼 1.0 亿粒卵至新疆乌鲁木齐柴窝堡湖获得成功，并进行推广。1991 年，池沼公鱼被引入阿勒泰地区的吉力湖及塘巴湖水库等水域，现均已形成捕捞群体。

历史调查：1999 年对额尔齐斯河流域进行调查，在乌伦古湖和吉利湖采集池沼公鱼 313 尾。2013—2016 年在额尔齐斯河和乌伦古河调查发现外来鱼类池沼公鱼。

当前调查：本次调查共分 3 次进行，捕获实体共计 46 尾，主要采集于福海县

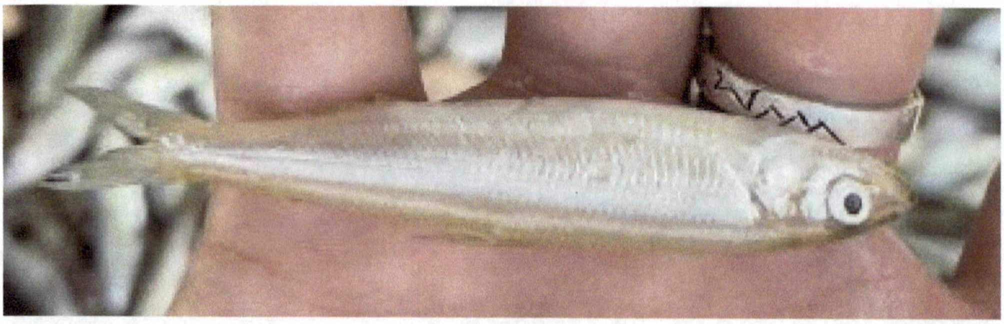

池沼公鱼

福海镇吉力湖和乌伦古湖。

4.10.3 栖息地环境

池沼公鱼平时栖息于水温低、水质清晰的江口咸淡水区或者是大江的下游水域中，喜在岸边游动，当水温升高时便游向支流。4—5 月当水温达 7 ～ 10℃时，由江口上溯至江的下游段，寻找底质砂砾的场所产卵，卵黏附于沙砾上。幼鱼随流而下，进入湖泊、河流中生活。

池沼公鱼在 28℃以下水域可正常生活，最适宜的温度为 10 ～ 22℃，可适应 16% 以下的咸淡水，但水体温度不超过 30℃，对水质污染比较敏感，对酸碱度忍耐较低，适宜 pH 为 7.0 ～ 9.6。

4.10.4 经济价值

池沼公鱼属小型鱼类，生长快，经济价值高，营养丰富，且食用方便。虽然池沼公鱼属于冷水鱼类，但是适应的水温幅度较宽，适应力强，且其生命周期短、繁殖力强，又因属中上层鱼类，易捕捞，很快就能形成捕捞群体，池沼公鱼在国际上是出口创汇、畅销的优质鱼类。1991 年，池沼公鱼被引入吉力湖，至 1999 年，产量达到 1 800 t，占乌伦古湖和吉力湖总产量的 60.4%，经济效益和社会效益十分显著，说明池沼公鱼的确是一种快速有效、低投入、高产出的鱼类。

附 录

附录一 中国外来入侵物种名单（第 1～4 批，生态环境部发布）

序号	中文名	拉丁名	序号	中文名	拉丁名
1	紫茎泽兰	*Eupatorium adenophorum*	37	钻形紫菀	*Aster subulatus*
2	薇甘菊	*Mikaina micrantha*	38	三叶鬼针草	*Bidens pilosa*
3	空心莲子草	*Alternanthera philoxeroides*	39	小蓬草	*Conyza canadensis*
4	豚草	*Ambrosia artemisiifolia*	40	苏门白酒草	*Conyza bonariensis*
5	毒麦	*Lolium temulentum*	41	一年蓬	*Erigeron annuus*
6	互花米草	*Spartina alterniflora*	42	假臭草	*Praxelis clematidea*
7	飞机草	*Eupatorium odoratum*	43	刺苍耳	*Xanthium spinosum*
8	凤眼莲	*Eichhornia crassipes*	44	圆叶牵牛	*Ipomoea purpurea*
9	假高粱	*Sorghum halepense*	45	长刺蒺藜草	*Cenchrus pauciflorus*
10	蔗扁蛾	*Opogona sacchari*	46	巴西龟	*Trachemyss cripta*
11	湿地松粉蚧	*Oracella acuta*	47	豹纹脂身鲇	*Pterygoplichthys pardalis*
12	强大小蠹	*Dendroctonus valens*	48	红腹锯鲑脂鲤	*Pygocentrus nattereri*
13	美国白蛾	*Hyphantria cunea*	49	尼罗罗非鱼	*Oreochromis niloticus*
14	非洲大蜗牛	*Achating fulica*	50	红棕象甲	*Rhynchophorus ferrugineus*
15	福寿螺	*Pomacea canaliculata*	51	悬铃木方翅网蝽	*Corythucha ciliata*
16	牛蛙	*Rana catesbeiana*	52	扶桑绵粉蚧	*Phenacoccus solenopsis*
17	马缨丹	*Lantana camara*	53	刺桐姬小蜂	*Quadrastichus erythrinae*
18	三裂叶豚草	*Ambrosia trifida*	54	长芒苋	*Amaranthus palmeri*
19	大薸	*Pistia stratiotes*	55	垂序商陆	*Phytolacca americana*
20	加拿大一枝黄花	*Solidago canadensis*	56	光荚含羞草	*Mimosa bimucronata*
21	蒺藜草	*Cenchrus echinatus*	57	五爪金龙	*Ipomoea cairica*
22	银胶菊	*Parthenium hysterophorus*	58	喀西茄	*Solanum aculeatissimum*
23	黄顶菊	*Flaveria bidentis*	59	黄花刺茄	*Solanum rostratum*
24	土荆芥	*Chenopodium ambrosioides*	60	刺果瓜	*Sicyos angulatus*
25	刺苋	*Amaranthus spinosus*	61	藿香蓟	*Ageratum conyzoides*
26	落葵薯	*Anredera cordifolia*	62	大狼杷草	*Bidens frondosa*
27	桉树枝瘿姬小蜂	*Leptocybe invasa*	63	野燕麦	*Avena fatua*
28	稻水象甲	*Lissorhoptrus oryzophilus*	64	水盾草	*Cabomba caroliniana*
29	红火蚁	*Solenopsis invicta*	65	食蚊鱼	*Gambusia affinis*
30	克氏原螯虾	*Procambarus clarkii*	66	美洲大蠊	*Periplaneta americana*
31	苹果蠹蛾	*Cydia pomonella*	67	德国小蠊	*Blattella germanica*
32	三叶草斑潜蝇	*Liriomyza trifolii*	68	无花果蜡蚧	*Ceroplastes rusci*
33	松材线虫	*Bursaphelenchus xylophilus*	69	枣实蝇	*Carpomya vesuviana*
34	松突圆蚧	*Hemiberlesia pitysophila*	70	椰子木蛾	*Opisina arenosella*
35	椰心叶甲	*Brontispa longissima*	71	松树蜂	*Sirex noctilio*
36	反枝苋	*Amaranthus retroflexus*			

附录二 重点管理外来入侵物种名录

（农业农村部、海关总署等六部门发布）

序号	中文名	拉丁名
1	紫茎泽兰	*Ageratina adenophora*（Spreng.）R.M. King & H. Rob. （syn. *Eupatorium adenophora* Spreng.）
2	藿香蓟	*Ageratum conyzoides* L.
3	空心莲子草	*Alternanthera philoxeroides*（Mart.）Griseb.
4	长芒苋	*Amaranthus palmeri* S. Watson
5	刺苋	*Amaranthus spinosus* L.
6	豚草	*Ambrosia artemisiifolia* L.
7	三裂叶豚草	*Ambrosia trifida* L.
8	落葵薯	*Anredera cordifolia*（Ten.）Steenis
9	野燕麦	*Avena fatua* L.
10	三叶鬼针草	*Bidens pilosa* L.
11	水盾草	*Cabomba caroliniana* Gray
12	长刺蒺藜草	*Cenchrus longispinus*（Hack.）Fernald
13	飞机草	*Chromolaena odorata*（L.）R.M. King & H. Rob.
14	凤眼蓝	*Eichhornia crassipes*（Mart.）Solms
15	小蓬草	*Erigeron canadensis* L. [*Conyza canadensis*（L.）Cronquist]
16	苏门白酒草	*Erigeron sumatrensis* Retz.
17	黄顶菊	*Flaveria bidentis*（L.）Kuntze
18	五爪金龙	*Ipomoea cairica*（L.）Sweet
19	假苍耳	*Cyclachaena xanthiifolia* Nutt.
20	马缨丹	*Lantana camara* L.
21	毒莴苣	*Lactuca serriola* L.
22	薇甘菊	*Mikania micrantha* Kunth
23	光荚含羞草	*Mimosa bimucronata*（DC.）Kuntze
24	银胶菊	*Parthenium hysterophorus* L.
25	垂序商陆	*Phytolacca americana* L.
26	大薸	*Pistia stratiotes* L.
27	假臭草	*Praxelis clematidea* R.M. King & H. Rob.
28	刺果瓜	*Sicyos angulatus* L.
29	黄花刺茄	*Solanum rostratum* Dunal
30	加拿大一枝黄花	*Solidago canadensis* L.
31	假高粱	*Sorghum halepense*（L.）Pers.
32	互花米草	*Spartina alterniflora* Loisel.
33	刺苍耳	*Xanthium spinosum* L.
34	苹果蠹蛾	*Cydia pomonella* L.
35	红脂大小蠹	*Dendroctonus valens* LeConte
36	美国白蛾	*Hyphantria cunea*（Drury）

序号	中文名	拉丁名
37	马铃薯甲虫	*Leptinotarsa decemlineata*（Say）
38	美洲斑潜蝇	*Liriomyza sativae* Blanchard
39	稻水象甲	*Lissorhoptrus oryzophilus* Kuschel
40	日本松干蚧	*Matsucoccus matsumurae*（Kuwana）
41	湿地松粉蚧	*Oracella acuta*（Lobdell）
42	扶桑绵粉蚧	*Phenacoccus solenopsis* Tinsley
43	锈色棕榈象	*Rhynchophorus ferrugineus*（Olivier）
44	红火蚁	*Solenopsis invicta* Buren
45	草地贪夜蛾	*Spodoptera frugiperda*（Smith）
46	番茄潜叶蛾	*Tuta absoluta*（Meyrick）
47	梨火疫病菌	*Erwinia amylovora*（Burrill）Winslow et al.
48	亚洲梨火疫病菌	*Erwinia pyrifoliae* Kim, Gardan, Rhim et Geider
49	落叶松枯梢病菌	*Botryosphaeria laricina*（Sawada）Y. Z. Shang
50	香蕉枯萎病菌 4 号小种	*Fusarium oxysporum* Schlecht f.sp. *cubense*（E.F.Sm.）Snyd.et Hans（Race 4）
51	松材线虫	*Bursaphelenchus xylophilus*（Steiner et Buhrer）Nickle
52	非洲大蜗牛	*Achatina fulica* Bowdich
53	福寿螺	*Pomacea canaliculata*（Lamarck）
54	鳄雀鳝	*Atractosteus spatula*（Lacépède）
55	豹纹翼甲鲶	*Pterygoplichthys pardalis*（Castelnau）
56	齐氏罗非鱼	*Coptodon zillii*（Gervais）
57	美洲牛蛙	*Rana catesbeiana* Shaw
58	大鳄龟	*Macroclemys temminckii* Troost
59	红耳彩龟	*Trachemys scripta elegans*（Wied）